DAVID BELLIARD ET AGNÈS MICHEL

SORTIE DE ROUTE

SE LIBÉRER DE LA VOITURE INDIVIDUELLE, C'EST POSSIBLE !

{LES Petits matins}

Des mêmes auteurs :

David Belliard :

Et soudain tout s'éteint, Stock, 2022

Paris, rêve de gosse. Pour une ville véritablement écologique, Rue de l'Échiquier, 2020

Notre santé est-elle à vendre ?, Textuel, 2012

Nous ne sommes pas coupables d'être malades (avec Alix Béranger), Les petits matins, 2010

Agnès Michel :

Petit Manuel à l'usage de ceux qui paient des impôts et aimeraient bien savoir pourquoi, Rue de l'Échiquier, 2016

La Démocratie près de chez vous (avec Bastien François), Les petits matins, 2012

Couverture : Thierry Oziel
Maquette : Marie-Édith Alouf
Correction : Sandra Pizzo

10, rue de Chantilly, 75009 Paris

ISBN : 978-2-36383-412-6

Diffusion Interforum – Volumen
Distribution Interforum

SOMMAIRE

INTRODUCTION
L'automobile, entre promesses et mensonges

Écrire sur la voiture, c'est toujours prendre le risque d'ouvrir un débat virulent. Encore aujourd'hui, questionner la place de l'automobile, ses méfaits, ses impacts, ou, plus grave encore, suggérer d'en réduire l'usage réveille des passions secrètes et des rancœurs profondes. Ces passions s'appuient sur un mythe de l'automobile comme objet absolu de nos vies quotidiennes. Parler de l'automobile individuelle, ce n'est pas juste évoquer un vulgaire objet de mobilité, c'est appréhender un ensemble complexe, une organisation dont les ramifications, les logiques, la culture même irriguent les sociétés modernes. Cette culture de la voiture est si intimement liée à toutes les facettes de nos vies qu'elle en est devenue quasiment consubstantielle.

Sentiments mitigés

Nous-mêmes, auteurs de ce livre, ne faisons pas exception. Comme tout le monde, nous entretenons un rapport intime avec la voiture car, comme beaucoup, nous avons connu et continuons de connaître des réalités territoriales très contrastées. Nous avons souffert, enfants puis adolescents, de ne pas disposer de moyen de nous déplacer, vivant dans des villages et des zones où il n'existait plus ni train ni bus. La voiture, rien que la voiture, si ce n'est, à partir de 14 ans, des mobylettes trafiquées pour aller plus vite – et donc plus dangereuses. Nous avons là une certaine idée de la France rurale, prisonnière de l'automobile, où l'on oscille entre fierté d'en posséder une et détestation pour tout ce qu'elle occasionne, en premier lieu son coût, parfois insupportable lorsqu'on n'est pas riche.

Et puis, pour nous deux, est venue la ville, Paris en premier lieu, et la possibilité, tout à coup, de se passer d'une auto, grâce avant tout à un réseau de transports en commun exceptionnel. Vivre dans la capitale sans voiture est assez simple – c'est l'inverse qui est compliqué et, là aussi, extrêmement coûteux, en argent comme en temps. Avec encore ces limites et travers : comment faire quand on a besoin de l'auto pour travailler, ou même simplement se déplacer, comme les personnes à mobilité réduite ? Comment se fait-il qu'il suffise toujours de franchir le périphérique pour expérimenter un tout autre rapport à la voiture ? Et le départ dans une petite ville de zone rurale de l'une d'entre nous n'a fait que renforcer ce sentiment de contraste violent entre des métropoles ultra-équipées en transport collectif et des campagnes où vivre sans voiture relève d'une gageure.

Bref, la voiture et surtout son usage massif, individuel, nous interrogent et charrient en nous des sentiments bien plus complexes que cette idéalisation que nous entendons sur les plateaux télévisés. Même ceux que l'on pourrait voir comme des « pro-voitures » sont en réalité plus nuancés dans leur rapport à l'automobile. C'est justement ce mythe dont nous voulons ici discuter.

Des critiques à l'action

Les polémiques autour de la voiture sont apparues assez tôt. Dès la sortie de la Seconde Guerre mondiale et la massification de l'usage de l'automobile – illustration éclatante de l'individualisme de nos sociétés –, des voix se sont fait entendre pour alerter sur les dangers sociaux, sociétaux et écologiques de cette expansion[1]. Mais il était déjà trop tard. Fondé sur un triple consensus politique, social et économique, le développement du tout-voiture avait balayé les critiques, drainant avec lui des enjeux industriels et financiers majeurs, tandis que la possession d'un véhicule devenait un rêve de réussite sociale et de liberté pour tout un chacun.

Depuis, les choses ont changé. Les dérèglements climatiques sont devenus une réalité corporelle, presque intime. L'étouffement en période de canicule, les forêts qui partent en fumée l'été, le manque d'eau comme le recul des traits de côtes qui risque de faire s'effondrer les maisons : tout cela fait progressivement sortir la question du climat des rapports théoriques dans lesquels nous l'avions mentalement confinée. C'est devenu une inquiétude majeure. Avec un horizon préoccupant : tous les rapports du Groupe d'experts intergouvernemental sur l'évolution du climat (Giec) nous prédisent un chaos climatique qui arrive bien plus vite que nous ne l'envisagions, tandis que la pollution de l'air et le bruit constant, auxquels participent les véhicules qui traversent villes et zones périurbaines, tuent des centaines de milliers

1. Et même encore plus tôt : dès la fin du XIXe siècle, la voiture est considérée comme une écraseuse de piétons et d'animaux, polluante car émettrice de bruits, d'odeurs et de poussières, et réservée aux plus riches. On lit ainsi dans *L'Humanité*, en 1907, que l'arrivée de l'automobile constituerait « une forme nouvelle de la lutte des classes ». Voir *Écraseurs ! Les méfaits de l'automobile*, documents réunis par Pierre Thiesset, Le pas de côté, 2015.

de personnes tous les ans. Par ailleurs, le vieillissement de la population, qui entraîne la baisse des facultés de conduite d'une part de plus en plus importante de la population, montre que le système du tout-voiture individuelle ne peut pas s'adapter à l'évolution démographique de nos sociétés. Les voitures autonomes ne sont pas encore au rendez-vous, et la peur de certains seniors de se retrouver sans solution de mobilité est malheureusement fondée.

Pour toutes ces raisons, de nombreuses collectivités se sont engagées dans des actions parfois radicales de réduction de la place et de l'usage de la voiture, en particulier dans les zones fortement peuplées, au risque d'apparaître comme des forteresses. De fait, depuis vingt ans, le décrochage est là. Alors que, pendant plus d'un demi-siècle, l'ensemble du territoire était soudé par ce projet global de se mettre au diapason de la voiture, voilà que les centres urbains, Paris en tête, se mettent à bouter hors de leur territoire la circulation motorisée – avec un certain succès, d'ailleurs : la capitale, par exemple, a vu le nombre d'automobiles en circulation divisé par deux depuis le début des années 2000. Ce décrochage génère incompréhension, colère et sentiment de relégation d'une partie de la population qui, elle, reste assignée à la voiture et à ses contraintes de moins en moins supportables.

Dans ce contexte, ce n'est pas tant la fin de la voiture en soi qui est perçue comme une agression identitaire et culturelle. Ce qui rend tout débat épidermique, selon notre hypothèse, c'est que la réduction de la place de la voiture soit l'apanage d'une petite minorité. Elle devient ce que Pierre Bourdieu aurait pu qualifier de « distinction de classe », ou plutôt, ici, une « distinction de territoire », réservée aux habitants des hyper-centres urbains. Alors même qu'il s'agirait de poser cette question à l'échelle du pays tout entier. C'est ce que montrent les oppositions féroces qui se dressent devant les élus désireux de piétonniser les centres-villes ou de transformer les autoroutes urbaines, comme le périphérique parisien. Il y a la peur de l'inconnu, bien sûr, mais aussi un malaise face à un monde qui serait en train de se définir sans voiture ni pollution, et dont la grande majorité serait *de facto* exclue.

Une histoire d'intérêts

Ces tensions sont instrumentalisées politiquement. On a pu le constater aux États-Unis, où les républicains, à commencer par les trumpistes, sont devenus les chantres de la préservation du véhicule thermique, reléguant l'électrique aux «bobos de Californie». Il en va de même en Europe, où la voiture apparaît comme l'illustration de la fracture territoriale, économique et culturelle entre deux mondes prétendument antinomiques. En France également, du Rassemblement national jusqu'au Parti communiste, on trouve des responsables politiques pour défendre le bon vieux moteur à essence, érigé en symbole d'une culture à la française, moderne et émancipatrice. Tout se passe comme si vouloir diminuer la place de la voiture individuelle et son usage systématique constituait le tabou suprême, emblème de l'intouchable républicain. La voiture cristallise toutes les polémiques sur le changement de modèle écologique auquel il nous faut nous confronter.

Ce débat hystérise presque autant que celui du port des armes aux États-Unis. Il relève d'ailleurs, à bien des égards, des mêmes ressorts identitaires et culturels qui fracturent et opposent. Et il est également une histoire d'intérêts

– économiques et financiers, bien entendu. C'est criant en France, qui, avec Renault et Stellantis (ex-PSA), héberge deux grands constructeurs de dimension internationale. Avec 241,5 milliards d'euros de chiffre d'affaires (en cumulant les deux groupes), 216 000 emplois directs et des liens étroits avec certaines régions françaises, ces constructeurs alimentent une certaine idée de l'histoire française[2].

Mais ce qui se joue aussi, de manière peut-être moins voyante mais tout aussi puissante, ce sont les intérêts d'une certaine classe. La culture de la voiture ne s'adresse pas à tout le monde de la même manière. Elle ne répartit pas équitablement ses avantages ni ses désagréments. Ceux qui en jouissent ne sont pas ceux qui en souffrent, tandis que ceux qui l'utilisent ne payent qu'un tiers de ce que coûte son usage à la collectivité, à commencer par les frais de santé des victimes de la pollution de l'air ou du bruit[3]. Et c'est d'autant plus vrai que la possession d'une automobile pèse de manière considérable sur le budget des plus modestes, pour un service rendu finalement très discutable. Une situation potentiellement source de ressentiment. Des études constatent ainsi que le vote en faveur de l'extrême droite est plus important chez les personnes qui sont obligées de prendre leur voiture pour aller travailler[4].

En un mot, le système automobile est donc aussi un système de domination qui préserve les intérêts de certains au détriment de ceux des autres. C'est pourquoi il est éminemment politique, dans le sens où il correspond à une

---

2. Source : Comité des constructeurs français d'automobiles (CCFA).
3. À ce sujet, voir Antoine Bergerot, Gabriel Comolet et Thomas Salez, « Les usagers de la route paient-ils le juste prix de leurs circulations ? », *Trésor-Éco*, n° 283, avril 2021.
4. Voir notamment « Jeunesse et mobilité : la fracture rurale », Ifop-Institut Terram, 2024.

vision du monde et à une volonté de conservation d'un ordre social inégalitaire. Pour l'installer et le faire perdurer, c'est toute une mythologie qui nous est servie par des publicités surabondantes, des déclarations de responsables politiques de toutes tendances, ou encore les puissants lobbys des acteurs économiques. Tous nous rabâchent depuis des décennies une fable idéalisée qui joue sur la confusion des concepts, mélange causes et effets, efface les lignes d'opposition et, surtout, nous empêche de questionner collectivement ce système du tout-voiture individuelle, qui serait indépassable dans une société moderne – alors même que nous savons qu'il fait peser un risque majeur sur notre modèle social et notre avenir.

Sortir de l'obsession de la route, c'est se libérer de la voiture individuelle et de ses représentations, et troquer les valeurs de performance individuelle liées à son usage contre un monde plus coopératif, plus inclusif et plus sobre. Car, oui, réduire la place comme l'usage de la voiture, c'est bien dessiner une société plus égalitaire, plus sûre et, *in fine*, bien plus libre.

C'est la vocation de ce court ouvrage que de déconstruire ces représentations et d'ouvrir sereinement – du moins nous l'espérons – le débat. Et ainsi dessiner pour notre société une « sortie de route », cette bifurcation salutaire pour quitter les grandes voies asphaltées et aller explorer des chemins de cocagne trop vite oubliés, qui pourtant recèlent tant de promesses de beautés.

CHAPITRE 1
Liberté, égalité, sécurité : trois promesses, trois trahisons

Quel autre objet représente mieux la modernité et l'émancipation que la voiture individuelle ? Elle est, à elle seule, un rêve partagé par tous : celui de pouvoir se déplacer quand on veut et où on veut. Baguette magique de la mobilité, elle condense les promesses de la modernité et de la technologie : n'avoir ni limite ni frontière. C'est d'ailleurs ce que la plupart des publicités des constructeurs – et de nombreux films façon road-movie – exposent : des routes vides à perte de vue, magnifiquement entretenues, pour une seule voiture, un seul usager – vous ! – qui en jouit comme si ces lignes d'asphalte n'avaient été construites qu'à son intention.

L'homo-voiturus ou l'ivresse de la contrainte

Ces images promeuvent bien plus que la voiture. Elles vendent un luxe énorme : la solitude au volant et cette liberté de circuler sans entrave d'un point A à un point B. Peu importe l'obligation de créer des routes, de les entretenir ; peu importent les embouteillages au quotidien, les pollutions, les nuisances sonores, les impacts sur le collectif des échappées individuelles. Ces réalités ont bien peu de poids face au mythe de l'homo-voiturus, cet humain puissant et libre. Indestructible.

Il y a certes une part de vérité dans ce mythe. Aucun mode de déplacement pour une distance de 5 à 1 000 kilomètres n'est aussi flexible et pratique que l'automobile. Le concept du trajet « porte à porte » n'existe que grâce à la voiture. D'ailleurs, nos sociétés se sont façonnées pour transformer cette incroyable promesse en réalité concrète. Les immeubles se sont dotés de parkings souterrains pour leurs occupants, tandis qu'on a littéralement éventré les villes pour y construire du stationnement et adapter la voirie à la taille des automobiles. Les stations-essence maillent le pays (on en compte aujourd'hui onze mille, mais elles étaient plus de quarante mille au début des années 1980) et le réseau routier a tissé sa toile dans tous les territoires, même les plus hostiles, comme la moyenne montagne, les déserts ou les marécages. En cela, la voiture a participé à la domestication des espaces naturels. Toute zone devant être accessible, du bitume a été disposé partout. La promesse de pouvoir circuler partout et tout le temps a donc été en partie tenue.

Ces coûts – car il s'agit bien ici de coûts, en termes de dégradation des habitats naturels, de destruction de la biodiversité ou encore de réduction des superficies agricoles – ne sont pourtant que rarement évoqués dans les débats sur le sujet. Tout se passe comme si cette liberté de circulation était née par génération spontanée, sans conséquences passées ou futures pour la population qui ne conduit pas comme pour celle au volant.

Tant et si bien que celles et ceux qui veulent réduire l'usage de la voiture individuelle sont systématiquement accusés d'être « punitifs », voire de porter une idéologie liberticide. En 2021, des réseaux complotistes ont été jusqu'à répandre l'idée que les changements de plan de circulation dans les centres urbains visaient à enfermer les gens dans un nouveau « confinement climatique », provoquant un scandale à Oxford, près de Londres, qui expérimentait alors une réduction de la circulation dans son centre. Relayée et amplifiée, la rumeur a agité le risque d'une « assignation à résidence », faisant des villes les prisons des temps modernes. Plus largement (et plus sérieusement), toute réduction des voies automobiles est considérée comme une atteinte à la liberté de circuler, même si ces transformations permettent la création de voies de bus, l'aménagement de pistes cyclables ou encore la piétonnisation de rues. Toute limitation du transport en voiture individuelle entraverait les capacités de mouvement du plus grand nombre. Peu importe, finalement, que l'automobiliste soit aussi (et même la majorité de son temps, dans la plupart des cas) un piéton, voire un cycliste : tout se passe comme si, une fois au volant, son identité d'homo-voiturus absorbait tout le reste, et que sa liberté se résumait à celle dont il peut *a priori* jouir en voiture.

Pourtant, cet homo-voiturus et sa prétendue liberté ont eu dès le départ du plomb dans l'aile. Car n'oublions jamais que le principal obstacle à la fluidité de la circulation automobile reste… la circulation automobile[5]. Des

5. André Gorz en disait ceci : « À la différence de l'aspirateur, de l'appareil de TSF ou de la bicyclette, qui gardent toute leur valeur d'usage quand tout le monde en dispose, la bagnole, comme la villa sur la côte, n'a d'intérêt et d'avantages que dans la mesure où la masse n'en dispose pas. C'est que, par sa conception comme par sa destination originelle, la bagnole est un bien de luxe. Et le luxe, par essence, cela ne se démocratise pas : si tout le monde accède au luxe, plus personne n'en tire d'avantages ; au contraire : tout le monde roule, frustre et dépossède les autres, et est roulé, frustré et dépossédé par eux. » André Gorz, « L'idéologie sociale de la bagnole », *Le Sauvage*, 1973.

embouteillages monstres se forment sur des voies pourtant totalement destinées aux voitures, comme les autoroutes ou encore le Paris des années 1960 et 1970, qui ne disposait alors d'aucune piste cyclable. Certains, face à cela, continuent de vouloir élargir les routes ou de réaliser de vastes contournements des villes. Ce sont les mêmes qui préconisent encore de construire des autoroutes en plus des voies nationales, à l'instar du projet de l'A69 entre Castres et Toulouse, fortement contesté. Pourtant, l'exemple américain, avec ses sept ou huit voies, a montré depuis longtemps les limites de cette logique du toujours plus. Plus on crée de voies, plus il y a de voitures ; et plus il y a de voitures, plus il y a d'embouteillages. C'est le paradoxe de la massification de l'automobile individuelle[6]. Il faut regarder ces reportages tournés à Paris dans les années 1970, parlant d'« asphyxie » de la capitale, littéralement submergée alors par des millions d'automobiles[7]. Encore aujourd'hui, les Franciliennes et les Franciliens perdent jusqu'à six jours de leur vie dans les embouteillages. Six jours !

À cela on rétorquera que tout le monde ne peut pas prendre les transports en commun ou enfourcher un vélo. On parlera des enfants à conduire à leurs activités, des grands-mères peu mobiles, ou de cette éternelle armoire

6. C'est la loi fondamentale de la congestion décrite par Anthony Downs dès 1962 : plus on augmente les infrastructures routières, plus il est intéressant de délaisser les transports publics (à offre stable et vitesse constante) pour prendre sa voiture individuelle, ce qui crée l'engorgement des voies nouvelles. Un deuxième paradoxe s'ensuit alors : les transports publics, peu à peu délaissés, deviennent plus chers ou diminuent leur offre, mais les routes restent engorgées. On arrive alors à un équilibre perdant-perdant pour la route comme pour les transports publics.

7. Cyrille Beyer, 1970 : Paris « asphyxiée » par les bouchons, « L'INA éclaire l'actu », 10 janvier 2022, www.ina.fr.

normande à transporter, invoquée à l'envi sur les plateaux de CNews, autant de situations qui requièrent *absolument* la voiture. Sans oublier que seule la possession d'une voiture individuelle permet de partir sur un coup de tête en week-end improvisé. Il est vrai que la voiture autorise tout cela, même avec des embouteillages. Mais c'est d'autant plus vrai que le système du tout-voiture a littéralement asséché les investissements dans les alternatives de mobilité collective, que l'automobile est la seule solution pour faire tout cela dans l'écrasante majorité des territoires. Liberté, sans doute, mais liberté sous contrainte.

La liste est longue des coûts d'entrée pour disposer d'une automobile : passer son permis, posséder une voiture, pouvoir en payer les frais d'entretien et l'essence, être en assez bonne santé pour la conduire – quand la vue baisse ou que les réflexes s'amenuisent, on se retrouve assigné chez soi. C'est donc cela, l'homo-voiturus, un être qui vit comme une liberté une voiture qui lui prend un temps fou, le bloque dans des embouteillages pendant des heures, pompe ses ressources et parfois sa patience.

Tout cela est à mettre en perspective avec la notion de « dépendance automobile » formalisée par Gabriel Dupuy[8]. Avec la théorie des réseaux, la voiture devient un club qui s'autoalimente : plus les autres l'utilisent, plus les pouvoirs publics construisent des infrastructures qui lui sont destinées, plus on devient contraint d'en posséder une et dépendant de cette mobilité monopolistique. À ce petit jeu, la puissance publique n'a pas assuré son rôle de régulateur vis-à-vis de ce club, par nature excluant, mais a au contraire contribué à asseoir ce monopole, via la

8. Gabriel Dupuy, *La Dépendance automobile. Symptômes, analyses, diagnostic, traitements*, Economica, 1999.

construction d'infrastructures routières et la mise en place d'un urbanisme de l'étalement urbain et périurbain.

Une machine à exclure

Malgré tout, la possession d'une voiture continue de symboliser l'émancipation, notamment des plus modestes. Tout le monde se reconnaît dans ce rêve collectif de pouvoir se déplacer individuellement, porté et entretenu par une vision politique assumée. En 1937, déjà, pour la première fois dans l'histoire, Adolf Hitler, au pouvoir depuis quatre ans en Allemagne, utilisait la voiture individuelle comme un instrument politique. Celle-ci devait incarner le symbole de la prospérité retrouvée, et chaque foyer allemand en posséder une. C'est dans cette optique que Ferdinand Porsche dessine ce qui sera plus tard la célèbre Coccinelle et qu'est créée l'entreprise Volkswagen, pour prendre en charge sa production, pourtant jugée alors non rentable. La fabrication commence effectivement en 1940 dans la méga-usine de Wolfsburg, mais elle sera orientée très vite vers les besoins militaires du Reich. Elle constitue un horizon politique permis par la taylorisation des chaînes de production, en œuvre à ce moment-là depuis vingt ans aux États-Unis.

Cet horizon d'une voiture pour tous sera largement repris après la Seconde Guerre mondiale et deviendra l'un des symboles des Trente Glorieuses. L'automobile est alors le premier attribut – avec le pavillon de banlieue, qui lui est étroitement corrélé – de l'accession à la propriété individuelle et de l'*American way of life*, objet de désir et de possession de la classe moyenne. Elle est à ce titre l'un des plus puissants moteurs de la croissance exceptionnelle de cette période et accompagne la transition des économies modernes vers le tertiaire. Sa prospérité permet la constitution d'un écosystème doté de géants industriels qui continuent de dominer nos économies comme nos imaginaires. Elle incarne un rêve de puissance, celui d'un monde sans limites, mais aussi un rêve d'affirmation d'un statut social, ce que Roland Barthes a appelé la « psychologie de la distinction ». Une magnifique promesse adressée au-delà des clivages sociaux et des antagonismes économiques[9].

La banalisation de la voiture individuelle, d'abord liée à des intérêts économiques et financiers, s'impose également dans la doxa progressiste. C'est ce que nous avait expliqué Robert Castel lors d'un déjeuner à Poitiers à l'occasion des journées d'été d'Europe Écologie-Les Verts en 2011. Le célèbre sociologue, marqué à gauche, nous avait confié sa difficulté à combattre la voiture individuelle, qui représentait encore pour lui un levier extraordinaire de liberté et d'émancipation pour les classes populaires. Il se faisait alors l'écho de toute une génération qui – hormis quelques critiques sur la montée de l'individualisme, les comportements violents liés à la conduite solitaire ou les premières alertes sur les impacts environnementaux et sanitaires de la généralisation de l'automobile – avait soutenu cet idéal de la « voiture pour tous ». De Jean-Paul Sartre haranguant les ouvriers de Boulogne-Billancourt jusqu'au lancement de la Dacia par Renault à la fin des années 1990, l'imagerie politique de l'automobile s'est largement confondue avec la conquête des droits sociaux.

9. « Je crois que l'automobile est aujourd'hui l'équivalent assez exact des grandes cathédrales gothiques : je veux dire une grande création d'époque, conçue passionnément par des artistes inconnus, consommée dans son image, sinon dans son usage, par un peuple entier qui s'approprie en elle un objet parfaitement magique. » Roland Barthes, *Mythologies*, Seuil, 1957.

Bref, la voiture individuelle pour tous a longtemps été et de droite et de gauche – ou ni l'une ni l'autre, c'est selon. Pour tout le monde et pour chacun, elle avait vocation à l'universalité. En cela, elle constituait un projet politique en soi. Celui-ci s'est d'ailleurs réalisé pour une majorité de la population. En France, en 2020, seuls 15 % des ménages ne possédaient pas de voiture, contre plus d'un tiers dans les années 1980[10].

La voiture, ce serait bon pour tout le monde puisque tout le monde en veut – et en achète ! On retrouve cette rengaine dans nombre de discours politiques et syndicaux, quelle que soit leur couleur partidaire. Ce n'est pas nouveau, ainsi que l'explique le chercheur états-unien Peter Norton[11]. Au début du XXe siècle, le constructeur Général Motors a employé des techniques de marketing pour diffuser l'idée que le développement de l'automobile était dû à une demande de la population. À l'époque, rien ne justifiait que la voiture supplante d'autres modes de transport tels que le train ou le vélo. C'est pour répondre à cette supposée demande (« les gens veulent des voitures ») que des villes entières se sont mises au diapason de l'automobile (avec une certaine violence, comme à New York, transformée sous la férule de Robert Moses, responsable entre 1930 et 1970, sous une forme ou sous une autre, de l'urbanisme de la Grosse Pomme) et qu'on a construit des autoroutes pharaoniques dans tout le pays. La « demande » de voitures résulte ainsi de nouvelles perspectives proposées par les pouvoirs publics et de la croyance en la modernité promise par l'urbanisme fonctionnaliste. Partout dans le

---

10. « Tableaux de l'économie française », Insee, 2020, https://urlz.fr/qHCe.
11. Peter Norton, *Autorama. The Illusory Promise of High-Tech Driving*, Island Press, 2021.

monde dit moderne, on sépare les fonctions urbaines (travailler, habiter, acheter) et on connecte ces espaces par des routes, symboles de vitesse et de modernité. On dissocie alors les circulations des piétons, des vélos et des voitures pour réduire l'accidentologie, mais surtout pour optimiser la vitesse de chacune des mobilités.

En France, les choses ont été accélérées par la présence d'industriels rapidement incontournables : Renault, Peugeot et Citroën, devenus aujourd'hui des marques de Stellantis, ou encore Talbot et Panhard et Levassor, disparus depuis. Les enjeux financiers mais aussi d'emplois, de commerce international, de rayonnement mondial ont fait de notre pays un des gagnants – en apparence, tout du moins – du système tout-voiture. Tant et si bien qu'à part quelques voix critiques précurseuses[12], le consensus était établi pour plusieurs décennies : la voiture individuelle, c'est bon pour tout le monde.

Pourtant, les choses sont plus compliquées. Le « tout-voiture et rien que la voiture » est une machine à exclure. Sur une bonne partie du territoire, posséder une voiture permet de faire ses courses, de voir ses amis, de travailler, bref d'avoir une vie sociale. *A contrario*, ne pas en posséder est gage d'isolement, de solitude et de paupérisation. Cette perspective concerne malheureusement beaucoup de monde, en premier lieu les personnes qui rencontrent des difficultés à conduire en prenant de l'âge. Pour celles-ci, être au volant devient plus difficile, voire dangereux. Or dans les villages où il n'y a plus aucun commerce, par exemple, cela revient à se retrouver prisonnier chez soi

12. Parmi elles, on compte André Gorz, Jane Jacobs (grande opposante à Robert Moses), Lewis Mumford ou encore Ivan Illich, qui ont développé dès les années 1960-1970 des critiques radicales de la massification de l'automobile et analysé les effets pervers de son usage, notamment sur le plan social.

et dépendant des autres. Une première mort, en quelque sorte. Ce n'est pas un hasard si les débats sur une potentielle visite médicale obligatoire tous les quinze ans pour conserver son permis (déjà mise en place dans quatorze États de l'Union européenne) ont été si houleux, voire violents. On le sait bien, une partie de la population continue d'utiliser sa voiture alors que ses capacités physiques et/ou cognitives sont restreintes. Ce débat est avant tout celui de l'autonomie.

Et puis il y a bien sûr la question du coût. Quand le gouvernement abaisse l'âge du permis à 17 ans, cela ne résout en rien le fait que la voiture demeure inaccessible à tout un pan de la population. Et nous ne parlons pas de l'achat d'une voiture neuve, ni même d'occasion, c'est juste que les chiffres sont têtus : un smic horaire ne permet pas de vivre et de prendre sa voiture chaque jour pour aller travailler à plus de 30 kilomètres de chez soi, la distance un temps considérée comme « raisonnable » par le législateur lors de la dernière refonte de l'assurance-chômage, en 2021. Cela représente tout de même 60 kilomètres par jour, et plus de 13 000 kilomètres annuels pour un temps plein. Le barème kilométrique fiscal[13] (qui, lui, a été réévalué pour suivre l'inflation) montre que l'administration française considère que parcourir ces distances au volant d'une petite voiture de 3 chevaux fiscaux ou moins revient à 5 200 euros par an. Soit presque 30 % d'un smic net à temps plein ! Près d'un tiers du salaire absorbé par le seul fait de se rendre sur son lieu de travail si on est rémunéré au salaire minimum, 20 % si on gagne 1 940 euros par mois (qui est le salaire médian

13. Ce barème est calculé en fonction de la puissance du véhicule et du nombre de kilomètres parcourus. Il intègre la dépréciation du véhicule, les frais de réparation et d'entretien, les dépenses de pneumatiques, la consommation de carburant et les primes d'assurances. Source : ministère de l'Économie et des Finances.

en France). Si on a la chance (ou les moyens) d'habiter à 12,5 kilomètres de son lieu de travail (distance médiane dans l'Hexagone), ce coût (2 800 euros par an) ne descend qu'à 11 % du salaire médian.

Bref, pour beaucoup de monde, le prix de l'automobile est exorbitant. Il n'est donc pas étonnant que la réduction de la circulation automobile dans les zones disposant d'un réseau dense de transports en commun n'ait que très peu (voire pas du tout) de conséquences négatives pour les plus modestes. À l'opposé de ce qu'en disent les « experts en tout » qui clament sur les chaînes d'information qu'il s'agit de mesures anti-pauvres. Et cela pour une raison simple : au sein d'une vaste métropole telle que le Grand Paris, où le coût de la voiture est démultiplié (en raison notamment du prix du stationnement et de la cherté de la vie quotidienne) et où le réseau de transports en commun est déjà dense, ce sont les plus aisés qui, majoritairement, utilisent leur véhicule individuel pour se déplacer. Les plus modestes, eux, empruntent massivement les transports en commun, bien plus économiques[14]. C'est d'ailleurs Luca de Meo, le directeur général de Renault, qui en parle le mieux : « En vingt ans, le prix moyen des citadines a bondi de 10 000 à 25 000 euros et le budget annuel des consommateurs pour la mobilité de 3 500 à 10 000 euros, alors que les salaires n'ont augmenté que de 37 %[15]. »

Cette inflation est le corollaire direct de la « SUVisation » du parc automobile. Les voitures ont grossi pour devenir

14. C'est particulièrement vrai pour les zones ultra-denses comme Paris intra-muros, où le taux de motorisation est beaucoup plus important à l'Ouest, où se trouvent les quartiers les plus cossus, qu'à l'Est, plus mixte socialement. À noter que le nombre de véhicules diminue dans la métropole du Grand Paris : -1,3 % entre 2022 et 2023.

15. « Luca de Meo, directeur général de Renault : "Nous voulons une compétition juste avec la Chine. Or celle-ci ne l'est pas" », *Le Monde*, 19 mars 2024.

des 4x4 urbains plus hauts, plus larges et plus lourds. Comme le souligne une étude du WWF sur le sujet, un SUV, par rapport à une voiture standard, c'est 200 kilos, 25 centimètres de long et 10 centimètres de large en plus[16] ! Ces grosses voitures sont non seulement plus consommatrices d'énergie, dévastatrices pour l'environnement, mais aussi plus onéreuses. Des véhicules premium qui finissent par saturer le marché, obligeant les acheteurs à payer plus cher pour des engins dont le bénéfice supplémentaire demeure largement discutable[17]. Ces modèles continuent pourtant à être promus par la puissance publique, jusqu'à la voiture officielle de la présidence de la République, hier un SUV Stellantis, aujourd'hui un SUV haut de gamme de Renault.

Enfin, comment oublier que le développement de l'automobile a servi sans le dire, en particulier aux États-Unis, des politiques de ségrégation raciale et sociale? L'interstate 375 en constitue le symbole et l'une des illustrations les plus criantes. Cette petite autoroute de moins de 2 kilomètres a été construite en 1964 à Détroit, avec un objectif de «nettoyage racial» de la ville, alors capitale mondiale incontestée de l'automobile (elle abrite les sièges sociaux des trois principaux constructeurs américains, Ford, Chrysler et GM). Le système du tout-voiture a marqué physiquement les territoires pour séparer les Blancs des Noirs, mais aussi les riches des pauvres. Les autoroutes sont ainsi parfois des frontières sociales et raciales: elles scindent et divisent là où elles devaient officiellement relier et réunir.

---

16. «Le SUV, un fléau pour le climat et le porte-monnaie», WWF France, 2024.
17. Voir à ce sujet Pierre Cannet, Dominique Lê Van Truoc, Jean-Baptiste Crohas, Arnaud Gilles, «Le trop-plein de SUV dans la publicité», WWF France, 2021.

Tout cela pour quels résultats, en fin de compte ? En France, en 2020, selon l'Insee, moins de 3 % des ménages n'ont pas de voiture pour cause de manque de moyens. Cela représente tout de même 790 000 ménages. S'y ajoutent tous ceux qui ont des difficultés à payer l'essence ou qui n'ont pas d'autres choix que de prendre leur voiture pour se déplacer. En mars 2022, la Fondation pour la nature et l'homme (FNH) révélait que 13,3 millions de personnes en France étaient en situation de « précarité mobilité[18] », soit 20 % de la population. Ce pourcentage montre à quel point, pour un Français sur cinq, l'automobile, loin de la promesse féerique de départ, est un cauchemar financier qui souligne et accentue douloureusement les inégalités économiques de notre société.

Sécurité : l'inversion de responsabilité

La promesse de sécurité est probablement celle qui semble la plus paradoxale. Les automobilistes qui le peuvent achètent des voitures de plus en plus grosses pour beaucoup de raisons qui relèvent de schémas psychologiques et sociaux, mais aussi pour le sentiment de sécurité qu'elles procurent. « Sentiment », car les SUV, par exemple, sont impliqués dans plus d'accidents que les berlines classiques, du fait de comportements au volant plus dangereux. En même temps, comment parler de sécurité alors que la presse relate quotidiennement des accidents – souvent mortels – impliquant « une voiture » (qui cache généralement un conducteur) ?

18. « Précarité mobilité : quelle est la situation dans les zones périurbaines ? », FNH, mai 2023. Pour mesurer la précarité mobilité, six facteurs sont croisés, permettant de dégager trois situations distinctes : la précarité carburant, la vulnérabilité mobilité et la dépendance à la voiture.

La mortalité routière est un phénomène de société depuis l'apparition même de la voiture: en 1904, il y a déjà «un blessé par an pour sept automobiles», comme le rappelle Jean Orselli[19]. Elle a donc été un vrai sujet de préoccupation dès le début du XXe siècle, avec l'élaboration du Code de la route au début des années 1920[20]. Les lobbys automobiles proposent déjà, à l'époque, de mieux adapter les villes à l'automobile, suivis par les pouvoirs publics, qui élaborent une solution encourageant l'usage de la voiture individuelle: puisque les automobiles sont accidentogènes, construisons et pavons des routes, créons des trottoirs pour sécuriser les piétons et favorisons *in fine* la voiture en ville, au détriment des piétons et des cyclistes...

Malgré ces «précautions», la létalité a explosé depuis que l'automobile est devenue un objet de consommation courante dans les années 1950. Selon l'Observatoire national interministériel de la sécurité routière (ONISR), il y a eu environ 700000 morts sur les routes de France de l'après-guerre à 2022. Dès 1973, l'opération médiatique «Mazamet, la ville rayée de la carte» oblige les pouvoirs publics à mesurer l'ampleur du problème, avec un *happening*: à l'initiative du journaliste Michel Tauriac, 16000 habitants (soit l'équivalent de la population d'une ville comme Mazamet) s'allongent au sol pour représenter les plus de 16000 morts sur les routes cette année-là[21]. À partir de cette date, malgré l'augmentation du nombre de kilomètres parcourus, le nombre de tués en voiture baisse régulièrement. En raison d'une politique «punitive»: mise en place d'une

19. Jean Orselli, «Usages et usagers de la route, mobilités et accidents 1860-2008», Conseil général de l'environnement et du développement durable, 2009.
20. Très largement inspiré du premier code de la route écrit en 1905 par Jules Perrigot, président de l'Automobile Club des Vosges
21. 16545 morts à six jours et 18000 à trente jours.

vitesse maximale autorisée, port de la ceinture obligatoire, radars automatiques, plans de sécurité routière… Toutes ces mesures contraignantes ont permis de diminuer la mortalité des usagers motorisés, associées à des campagnes de sensibilisation et de prévention qui ont marqué les esprits, avec des clips télévisés parfois très gore et des slogans bien trouvés tels que « un petit clic vaut mieux qu'un grand choc » pour la campagne de 1974 destinée à généraliser le port de la ceinture de sécurité. À quoi il faut ajouter la sécurisation de plus en plus forte des véhicules eux-mêmes : airbags, détecteurs en tous genres, carrosseries de plus en plus solides (et de plus en plus lourdes). On meurt moins d'accident dans sa voiture, même si on ne parvient pas à descendre en dessous des trois mille morts par an.

Si on meurt moins « en » voiture, on continue cependant de mourir « à cause » des voitures. Regardons les chiffres d'un peu plus près. Sur les 3 402 personnes décédées sur les routes en 2023, 167 étaient mineures. Sur le site de l'ONISR, on trouve une déclinaison de la typologie des morts, leur âge, leur genre et leur moyen de transport lors de l'accident : automobiliste, motard, cycliste, mais aussi piéton (440 piétons tués en 2022). Tout confondu, c'est une petite hécatombe dont la cause est bien identifiée. Pourtant, étrangement, ces victimes semblent relever de la fatalité, comme le froid en hiver ou la chaleur en été. Nous avons tellement entendu que la voiture est incontournable que sa létalité n'est pas suffisante pour remettre en cause cette mobilité automobile toute-puissante. Nous acceptons de risquer de mourir pour maintenir le règne de la voiture individuelle.

On nous rétorquera que les autos sont de plus en plus sécurisées : carrosseries plus massives, détecteurs de proximité, de recul, d'absence de ceinture, de dépassement de vitesse, de franchissement de ligne continue... La voiture moderne vous rappelle également à l'ordre si vous décollez l'une de vos mains du volant et elle vous assiste dans vos manœuvres délicates. La voiture vous protège si vous êtes à l'intérieur, mais protège-t-elle celles et ceux qui sont à l'extérieur? Hors de l'automobile et de son habitacle conçu façon blockhaus, les autres usagers de la route sont perçus comme de seconde catégorie. Ils doivent se pousser, anticiper le non-respect par les automobilistes du Code de la route, prévoir l'éventuel « aveuglement » d'un conducteur par un rayon de soleil fugace, ou par la pluie, ou par l'alcool.

Ce n'est pas pour rien que la voiture qui détruit ou qui tue est considérée comme une « arme par destination » lorsqu'elle est utilisée avec une volonté de nuire. C'est même, quand on y pense, un outil particulièrement efficace : avec plus d'une tonne de ferraille lancée à 80 kilomètres/heure, la probabilité pour un piéton percuté de s'en sortir est réduite à... 0 %, selon la Sécurité routière, organe gouvernemental de prévention. Pourtant, cela ne semble choquer personne que trop de messages officiels soient concentrés sur les victimes potentielles, rappelant aux enfants ou aux personnes âgées les comportements qu'ils doivent adopter pour se prémunir d'un accident, comme en témoigne cet extrait de la communication de la Sécurité routière (voir ci-contre).

L'ENFANT

Dans la rue, l'enfant est particulièrement vulnérable. Une centaine d'enfants piétons de moins de 14 ans sont tués chaque année dans un accident de la route.

– En raison de sa petite taille, l'enfant peut se trouver dissimulé, aux yeux des usagers de la route, par des véhicules en stationnement. En outre, l'enfant ne dispose ni du même champ visuel ni de la même conscience de son environnement que l'adulte (difficulté à évaluer les distances, à distinguer la vitesse des véhicules, incapacité à identifier les signaux sonores du danger, etc.). La règle essentielle consiste, pour l'automobiliste, à respecter les limitations de vitesse, de manière à pouvoir anticiper les attitudes imprévisibles des enfants.

– Commencez dès l'âge de 3 ans l'apprentissage de la circulation, dans la rue, au quotidien, par l'observation. Expliquez de manière pédagogique les règles à observer :

- emprunter les passages protégés ;
- traverser lorsque le feu est vert pour les piétons ;
- vérifier que les véhicules sont arrêtés avant de traverser ;
- ne pas courir, etc.

– Montrez l'exemple.

– Tant que les enfants n'ont pas assimilé ces règles de prudence, surveillez-les et accompagnez-les.

– Habillez les enfants de vêtements clairs ou de couleur vive, équipez-les d'un sac à dos ou cartable muni de tissu réfléchissant s'ils sont amenés à marcher au bord de la chaussée lorsqu'il fait sombre.

– Faites toujours descendre les enfants de la voiture côté trottoir.

Cette communication illustre par l'absurde le *victim-shaming* qui prédomine dans notre société en ce qui concerne l'automobile. Elle est révélatrice de l'inversion des représentations qui fait de la victime la responsable, et du responsable… pas grand-chose. Comme si conduire une voiture vous donnait droit à une carte d'immunité sur les routes. Les automobilistes, dotés de tous les droits, ont pris tant de place dans nos villes, nos campagnes, nos vies, qu'il nous faudrait accepter que nos enfants n'aient plus la moindre liberté de circuler, même sur les trottoirs. Les vrais responsables de la sécurité seraient leurs parents, surtout ceux qui leur achètent des trottinettes[22], pas les automobilistes dotés d'un véhicule pesant souvent plus d'une tonne et pouvant être propulsé à plus de 120 kilomètres/heure, ni encore moins les pouvoirs publics, qui ont pourtant laissé les voitures coloniser tout l'espace public.

22. « Sécurité routière et rentrée scolaire : attention aux enfants ! De façon générale, l'année 2021 a été plutôt clémente pour la sécurité routière. La mortalité a baissé de 9 % par rapport à 2019, dernière année de référence. Une diminution liée en grande partie à la réduction des accidents mortels en voiture. Malheureusement, cette amélioration ne concerne pas les enfants et les jeunes. On déplore ainsi 85 décès d'enfants en 2021, soit 24 de plus qu'en 2019. En agglomération, ces accidents mortels ont surtout augmenté pour les enfants à pied, à vélo et à trottinette. Ces modes de déplacements doux, car moins polluants et bruyants, les laissent aussi vulnérables face à la violence routière. Les trottinettes, motorisées ou non, ont une part importante dans cette hausse. » Site de la Sécurité routière, APRR, 2 septembre 2022.

CHAPITRE 2
À qui profite le crime ?

38,7 millions de voitures en circulation en France en 2022, un million de kilomètres de routes et d'autoroutes sur le territoire national hors outre-mer, 1,157 milliard d'euros injectés pour le bonus écologique d'achat ou de leasing de véhicules plus vertueux, incluant la prime écologique (prime à la casse) en 2022, 20 milliards d'euros brûlés dans le chèque carburant en 2021 et autres dépenses publiques[23]… C'est peu dire que l'automobile individuelle occupe une place majeure dans nos vies et nos portefeuilles. Elle a entraîné la création d'un véritable système – spatial, économique, financier, mais aussi symbolique et culturel – qui irrigue l'ensemble de nos vies. Mais alors, à qui profite vraiment le « crime » ? Qui sort gagnant de ce système, de ces investissements, qui en jouit et en use pleinement et qui, à l'inverse, le subit ?

Les rentiers de l'automobile

Oui, la voiture est un business. Cela semble une évidence, mais il est important de le redire. Ce business ne concerne d'ailleurs pas uniquement la voiture et l'industrie

23. Jean-Louis Bricout, « Écologie, développement et mobilité durables. Transition énergétique », Assemblée nationale, avis n° 1719, 2023.

automobile, mais aussi l'industrie pétrolière, les entreprises de construction et d'entretien des routes, les gestionnaires d'autoroutes et de parkings, les concessionnaires, les garages, les équipementiers, les producteurs de batteries ou encore les banquiers qui font des crédits et ont investi massivement dans des filiales très rentables de leasing et de location longue durée de voitures neuves : tout un monde économique existe grâce et autour de la voiture individuelle. Des acteurs économiques se sont construits autour d'elle : les promoteurs immobiliers développant des lotissements en périurbain (sans voiture, pas de maison avec jardin à plusieurs kilomètres de la première épicerie), les patrons de super ou hypermarchés, nés pendant l'essor de l'automobile, les commerces en tout genre peuplant les zones commerciales, les développeurs de ces mêmes zones commerciales.

La voiture, ce sont aussi ces opérations juteuses mobilisant autant de fonds qu'elles suscitent de polémiques, comme pour le triangle de Gonesse, cette zone de terres agricoles dans le nord de l'Île-de-France, longtemps promise à la construction de routes, de métros et d'un centre commercial, avant que le projet (Europacity) ne soit finalement abandonné, ou encore les opérations de construction d'autoroutes, comme l'A14, construite pour les plus riches dans l'ouest de l'Île-de-France pour rejoindre le quartier d'affaires de La Défense.

Tout cela permet à nombre d'emplois de perdurer, certes, mais de moins en moins, et ce depuis longtemps. Les industries automobiles employaient environ 850000 personnes en France en 1982[24], mais seulement 278000 en 1998 et

24. Hugues Bertrand, « L'industrie automobile française aujourd'hui et dans les années 1980 », *Revue d'économie industrielle*, vol. 19, 1982.

216000 en 2021[25]. L'emploi a donc été divisé par quatre en moins de quarante ans pour cause de délocalisations et d'automatisation des chaînes de production. Difficile, dans ces conditions, de défendre l'usage de l'automobile individuelle au nom de l'emploi en France. Le secteur mentionne souvent le chiffre de 2,1 millions d'emplois directs et indirects liés à l'industrie automobile, mais plus de la moitié concerne le transport de personnes ou de marchandises : ces métiers ne seraient absolument pas affectés par la diminution drastique du nombre de voitures individuelles. Les plus menacés sont les quelque 420000 emplois liés à l'usage de la voiture individuelle (ceux des garages, par exemple)[26]. Mais une partie d'entre eux est déjà largement menacée par le développement de la voiture électrique.

En résumé, l'industrie automobile détruit désormais plus d'emplois en France qu'elle n'en crée. Dans le même temps, ses bénéfices explosent. En 2023, ils se sont montés à 18,6 milliards d'euros, en progression de 11 %, avec des rémunérations pour ses dirigeants qui ont explosé. Ainsi de Carlos Tavares, PDG de Stellantis, qui pointe à 36,5 millions d'euros pour 2023, soit plus de 1 700 fois le smic. Bien sûr, les défis de ce secteur sont majeurs (électrification, technologisation des véhicules, arrivée d'une concurrence chinoise sur le secteur des motorisations électriques…) mais toutes ces entreprises, les constructeurs et leur écosystème, bénéficient d'une rente de situation. Pourquoi ? Parce que la simple perpétuation de notre système de transport et d'aménagement du territoire les enrichit. On a beaucoup parlé de la rente des sociétés d'exploitation des autoroutes, mais ce

25. Source : Comité des constructeurs français d'automobiles.
26. Ce chiffre comprend également les métiers de location de courte durée, de démolition, etc.

phénomène existe également dans le secteur de la construction. Les entreprises de travaux publics ont engrangé 16,5 milliards d'euros de chiffre d'affaires en 2022[27], dont les deux tiers sont financés par les collectivités territoriales, principalement les communes, pour développer et entretenir les routes. C'est donc aussi à cela que sert une bonne partie de votre taxe foncière, si vous avez la chance d'être propriétaire de votre logement. Total a généré 55,5 milliards d'euros en France en 2022, soit 22 % de son chiffre d'affaires mondial. Et c'est en très grande partie grâce au carburant qui nous coûte si cher. D'autant plus qu'il faut y ajouter la taxe sur les produits pétroliers (TICPE), principalement sur le carburant routier – taxe que ne paient ni les compagnies aériennes, ni les professionnels de la mer et des fleuves, ni les industriels utilisant le pétrole comme combustible. Et dire que les revenus de cette taxe (environ 36 milliards d'euros) ne servent même pas à investir dans les transports en commun…

La route est d'autant plus une rente que ses usagers sont ce qu'on appelle, dans le langage des consultants, des « vaches à lait ». C'est-à-dire des consommateurs captifs qui n'ont pas d'autre choix que de consommer. Vaches à lait pour les exploitants (péages), pour les pétroliers (carburant), pour les constructeurs (véhicules), pour les banques (crédit auto), pour les assureurs. Mais aussi, indirectement, pour le BTP (l'usure de la route crée un besoin de maintenance), les promoteurs (sans voiture individuelle, pas de lotissements éloignés ni de zones commerciales), les publicitaires (pour vendre le rêve irréalisable de circuler seul dans des paysages somptueux)…

Le réseau ferré ne rapporte pas autant. Principalement parce qu'il ne coûte presque rien à l'utilisateur, comparé

27. Source : Fédération nationale des travaux publics (FNTP).

au coût de la voiture. Bien que cela se fasse au détriment de l'usager, l'État privilégie les revenus de quelques entreprises, dont certaines cumulent accidents du travail et émissions de pollutions mortifères, comme à Fos-sur-Mer, site de raffinerie de pétrole, où le taux de cancers est largement supérieur à la moyenne nationale.

Et cela ne risque pas de changer tant que les lobbys de ces grandes entreprises auront toute latitude légale pour payer des armées de consultants, dont la principale activité est de murmurer aux oreilles des décideurs politiques combien leur employeur est essentiel au développement de la France. Mais aussi combien la route est essentielle à l'activité économique : les dirigeants de l'entreprise pharmaceutique Pierre Fabre veulent « leur » autoroute A69, comme d'autres dirigeants ont voulu « leur » aéroport, parce que quelques minutes de gagnées, pour eux, valent manifestement plus que la destruction d'écosystèmes, de terres agricoles et de santé humaine en raison des nuisances. Et non seulement les politiques locaux et nationaux les écoutent, les suivent, se désintéressent du sort des populations locales impactées, mais ils financent ces projets avec les impôts de tous.

On le voit bien ici, la route et la voiture individuelle ne constituent pas un levier d'émancipation, mais la perpétuation d'un système socio-économique profondément inégalitaire, dans lequel un petit nombre de dirigeants, d'actionnaires, de cadres supérieurs y gagne, au détriment de tout le reste de la population, à qui on ne propose pas d'alternative pour se déplacer, y compris pour travailler. Et, cerise sur le gâteau, lorsque le gouvernement décide d'aider les automobilistes (encore une fois pour qu'ils puissent rouler jusqu'à leur travail) avec une baisse du prix du carburant, il consomme des milliards d'euros d'argent public qui justifient ensuite une pression sur les chômeurs, c'est-à-dire les plus modestes, ceux à qui la voiture coûte le plus cher, proportionnellement à leur revenu. Car rien n'est jamais vraiment gratuit : ce qu'on donne d'un côté, on le prend de l'autre – bien que trop rarement et trop peu aux « rentiers de la route ».

Un système de domination

La voiture est donc loin de relever du conte de fées, même si elle est encore bien souvent présentée comme un trait d'union entre toutes les composantes de la société, sans distinction. Au-delà des coûts sanitaires et environnementaux – très documentés, mais nous y reviendrons –, la voiture ne tient aucune de ses promesses. Il fut un temps où on aurait sincèrement pu y croire, mais il s'avère aujourd'hui que l'imaginaire populaire et émancipateur de l'automobile relève au mieux d'un fantasme, au pire d'une manipulation. Ni sa possession ni même son usage ne sont également répartis.

Peut-être que vous aussi, enfant, vos parents vous proposaient de compter les voitures sur l'autoroute, histoire de faire passer la longueur des trajets ? C'était à celui ou à celle qui trouvait avant tout le monde la voiture rose ou tel modèle. Si vous vous amusez à faire la même chose aujourd'hui, coincé dans un bouchon, essayez de compter le nombre de femmes installées au volant. Vous constaterez qu'elles restent extrêmement minoritaires par rapport aux hommes. Quand elles voyagent avec leur mari, dans 80 % des cas, c'est monsieur qui conduit ! Cette petite expérience illustre à quel point la voiture ne répond pas du tout à une réalité universelle qui transcenderait les clivages de genre ou les différences sociales. L'automobile est et reste un objet avant tout destiné à une catégorie bien précise : les hommes aisés de plus de 50 ans.

Cela vous paraît tiré par les cheveux ? Pourtant, au-delà de ce petit jeu de comptage autoroutier, ce n'est pas nous qui le disons, mais les chiffres, qui traduisent, eux, la réalité[28]. D'abord parce que les stéréotypes de genre ont la vie dure. La voiture demeure un univers d'hommes. De l'histoire des pionniers de l'automobile – tous des hommes, mécaniciens et ingénieurs, qui ont cantonné les femmes au rôle de spectatrices – aux publicités, notamment sur les modèles les plus puissants et les plus prestigieux comme les SUV, qui se lient avec ceux d'une vision viriliste et conquérante, la voiture se conjugue la plupart du temps au masculin. Et c'est vrai aussi au volant. Qui conduit lorsqu'un couple se retrouve dans la même voiture ? Quatre fois sur cinq, nous l'avons vu, c'est l'homme. C'est lui qui réalise les grands trajets (ceux que vous avez peut-être remarqués sur les autoroutes). Les déplacements domestiques, avec des arrêts nombreux (pour déposer les enfants à l'école ou faire des courses), sont, eux, plutôt réservés aux femmes. Cette situation amène à des différences particulièrement frappantes. Une étude de l'Insee de 2023 souligne par exemple qu'en Île-de-France, pour ce qui concerne les déplacements quotidiens, 64 % des émissions régionales de CO_2 sont émises par les hommes, du fait justement de leur usage plus important de la voiture. Par ailleurs, bien loin des préjugés sexistes, les femmes ont moins d'accidents graves que les hommes lorsqu'elles conduisent. En 2019,

28. Voir notamment « Le partage du volant dans les couples : résultats d'action de recherche des laboratoires MODIS et DEST », université Gustave-Eiffel.

par exemple, selon le site du ministère de l'Intérieur, 91 % des conducteurs alcoolisés impliqués dans un accident mortel étaient des hommes.

Bien sûr, la massification de l'automobile est une réalité. En 2019, selon l'Insee, 85 % de la population française en possédait une. Elle est devenue depuis bien longtemps déjà un objet banal de notre quotidien. On l'a vu, on en compte près de 40 millions sur le territoire. Mais, en creusant un peu, on s'aperçoit que, derrière ce chiffre imposant, la réalité, comme souvent, est nuancée. D'abord parce que 1,6 million de personnes ne peuvent pas s'acheter un véhicule faute de moyens. Dans un monde où plus d'un quart de la population n'a pas accès à un réseau de transports publics, ces « oubliés de la voiture » sont pour une grande part assignés à résidence. Si on va plus loin, on constate que les 10 % des ménages les plus aisés possèdent en moyenne deux fois plus de voitures que les 10 % des plus pauvres. Et sans surprise, plus on est riche, plus on utilise sa voiture : on la prend plus fréquemment pour parcourir de plus grandes distances. Les plus aisés avalent en moyenne 2,5 fois plus de kilomètres que les plus modestes. Et pour cause : la voiture, il faut l'acheter, l'entretenir, y mettre du carburant, l'assurer. Cela représente un coût, et pas des moindres. Les propriétaires d'une auto y consacrent en moyenne 11 % de leur budget. On estime qu'une voiture coûte environ 402 euros par mois. Sans compter le coût d'achat via le prêt ou le leasing[29] : en France, le prix moyen d'une voiture

29. Près de six véhicules neufs sur dix vendus en France le sont en location avec option d'achat ou de longue durée ; 63 % des voitures professionnelles neuves ! C'est un marché très rentable, concentré autour de quinze groupes qui, pour une large part, appartiennent aux grandes banques. Voir Léo Larivière et Arnau Oliver Antich, « Le leasing automobile : faux ami de la transition automobile », Transport et Environnement, mai 2024.

neuve est de 26000 euros. Ces coûts ne pèsent pas de manière équivalente sur les budgets. Nos 11 % du budget passent à 20 % pour les ménages les plus modestes, qui font face à des dépenses incompressibles de transport dans un monde dédié à la voiture reine. 20 % du budget pour un véhicule qui sert essentiellement à se déplacer pour aller travailler, ce n'est pas une paille !

Que retirer de ces chiffres ? Qu'une part significative de la population est exclue de la voiture – et donc de la possibilité de se déplacer – pour des raisons financières, et que nombre de ceux qui en ont une la subissent plus qu'ils ne la choisissent.

Globalement, le prix moyen d'une voiture a diminué en cinquante ans (il faut aujourd'hui moins d'heures de travail payées au smic que dans les années 1960 pour s'acheter un modèle de gamme équivalente), mais son poids dans le budget du quotidien demeure extrêmement élevé. Et cela d'autant plus que, ces vingt dernières années, les prix des voitures sont repartis à la hausse, marqués par un « effet SUV », ces modèles rehaussés qui coûtent en moyenne 7000 euros de plus qu'une berline classique dans le même segment. Pas étonnant, donc, que l'âge moyen des acheteurs d'une voiture neuve ait dépassé les 55 ans (contre 43 en 1990). La voiture neuve reste un privilège. La plupart des gens se contentent d'une voiture d'occasion et la conservent le plus longtemps possible. En France, l'âge moyen d'un véhicule en circulation est de 10,5 ans (avec les frais d'entretien et de réparation qui augmentent à mesure de l'âge). Une perspective qui permet de relativiser les discours autour de la voiture populaire et ouverte à tous, sans distinction.

À ce titre, les résultats de la consultation citoyenne parisienne sur l'instauration d'un tarif de stationnement majoré pour les SUV, organisé par la Ville de Paris en février 2023, sont révélateurs. L'Est parisien a voté en faveur d'une majoration, tandis que l'Ouest, plus huppé, s'est prononcé contre. Ce résultat traduit la volonté des plus fortunés de rester à l'écart du reste de la population. La voiture, d'autant plus si elle est grosse et puissante, isole. Un cadre supérieur qui vit au Vésinet, commune ultra-cossue des Yvelines, et travaille à La Défense, comme celui qui vit à Aix-en-Provence et travaille dans les nouveaux quartiers de la Joliette à Marseille, n'ont jamais à se confronter aux plus modestes depuis la bulle créée par leur grosse cylindrée. Ces cadres et les populations moins favorisées ne vivent plus dans le même monde[30]. Ce qui n'aide pas vraiment à « faire société », comme le montre un quatuor de sociologues dans *Ce que les riches pensent des pauvres*[31]. C'est peut-être le philosophe Yves Citton qui l'exprime le mieux[32] : « L'automobiliste que je suis *[du verbe être]* est structurellement voué à haïr l'automobiliste que je suis *[du verbe suivre]*. »

En résumé, et pour forcer le trait, les automobiles les plus modernes, les plus sûres et les plus fonctionnelles restent d'abord réservées à une certaine catégorie, que les jeunes pourraient qualifier avec ironie de « boomers », avec pour portrait-robot un homme de plus de 55 ans, plutôt aisé et qui ne se mélange pas.

---

30. Rémi Dybowski-Douat, Vivre à l'écart des pauvres, « La série documentaire de France Culture », 2018.
31. Serge Paugam, Bruno Cousin, Camila Giorgetti, Jules Naudet, *Ce que les riches pensent des pauvres*, Seuil, 2017.
32. Yves Citton, « Nouvelles polarités politiques : les automobilistes », *Spirale*, n° 258, automne 2016.

Qui gagne ? Qui perd ?

La voiture, ou plutôt le système de la voiture individuelle, n'est pas neutre, quoi qu'en laisse voir le débat public. Comme pour nombre de sujets, ses coûts pour l'environnement ou la santé sont minimisés, voire littéralement effacés. Et la distribution du rapport coûts/bénéfices est particulièrement inégalitaire. Si les plus aisés tirent beaucoup de bénéfices de ce système, les coûts, eux, sont d'abord supportés par les plus pauvres. Ce n'est pas toujours intuitif. On entend souvent, par exemple, que la pollution de l'air, due en grande partie au trafic routier, n'a pas de frontières. Ce n'est qu'en partie vrai : les émissions de particules fines (liées à la combustion des motorisations thermiques, et en particulier diesel) et de particules ultrafines, particulièrement néfastes pour notre santé (plutôt dues, elles, au freinage des véhicules), se dispersent en effet partout, sans distinction, mais leur concentration n'a rien à voir selon qu'on se situe à proximité ou loin des véhicules qui les émettent. Les personnes les plus exposées sont donc celles qui habitent près des routes et des autoroutes. Et, sans surprise, c'est dans ces zones que les prix de l'immobilier sont les plus accessibles et où, par conséquent, vivent les plus modestes.

Prenons le périphérique parisien, par exemple. Sur cet énorme sillon routier, 250 000 véhicules circulent en moyenne en une journée, pour un million de déplacements. Cet ouvrage gigantesque, qui vient de fêter ses 50 ans (il a été bouclé en 1974), a été construit sur les anciennes enceintes de Thiers, en plein milieu des habitations. 550 000 personnes, soit l'équivalent de la ville de Lyon, vivent et travaillent tous les jours à proximité, parfois à quelques mètres de la voie. Plus d'un quart des logements qui se trouvent de part et d'autre de cette bande sont des logements sociaux, occupés par les populations les plus pauvres, dans des quartiers peu ou pas dotés d'espaces verts à proximité. Ces personnes cumulent les expositions néfastes – pollution de l'air extérieure et intérieure, bruit ou chaleur – avec de faibles possibilités de partir, notamment pendant les périodes de canicule. Elles payent le prix fort des effets de l'automobile et subissent en première ligne la pollution de l'air.

La situation est la même dans toutes les grandes villes : à Marseille, par exemple, l'autoroute qui relie la ville à Aix passe littéralement sous les fenêtres des habitants des quartiers nord. Idem pour le bruit qui « rend fou ». Ce n'est d'ailleurs pas qu'une expression : une étude de 2017 publiée dans la revue de référence *The Lancet* confirmait qu'habiter à proximité d'une autoroute augmentait considérablement le risque de démence[33]. Sur le plan sanitaire, la facture de la voiture est donc très lourde pour les plus pauvres, surtout quand ce sont des enfants ou des personnes âgées ou vulnérables.

Il arrive même qu'on frôle le cynisme sans complexe. Ainsi, la France dispose de plus d'un million de kilomètres de routes sur son territoire, soit près de 20 % du réseau européen. On ne manque donc pas de routes, surtout dans les zones peu denses, avec un maillage de départementales très fourni, de 700 000 kilomètres. Mais ces infrastructures ne sont pas distribuées de manière égalitaire. Les autoroutes, infrastructures les plus performantes pour optimiser l'usage de l'automobile, sont payantes, excluant

33. Hong Chen *et al*, « Living near major roads and the incidence of dementia, Parkinson's disease, and multiple sclerosis : a population-based cohort study », *The Lancet*, vol. 389, 4 janvier 2017.

de facto la part des automobilistes les plus modestes, quand elles ne sont pas quasiment réservées aux plus aisés. Ainsi de l'A14, qui dessert La Défense, utilisée principalement par les CSP+++ qui vivent dans l'Ouest francilien et passent les week-ends dans leur maison secondaire de Normandie. Elle est d'ailleurs en partie enterrée, pour limiter les nuisances dans ces zones habitées par les plus riches. *A contrario*, l'A1, elle, relie notamment le périphérique parisien à l'aéroport de Paris-Charles-de-Gaulle en traversant des quartiers d'habitation en Seine-Saint-Denis (les villes de La Plaine Saint-Denis, de La Courneuve...), un peu comme la N10, nationale élargie, qui coupe Trappes en deux, au bénéfice exclusif des habitants plus fortunés de Rambouillet. Encore une preuve que les déplacements en avion, effectués par une minorité aisée des Français[34] (malgré la démocratisation du transport aérien), se font au détriment de la santé des plus pauvres. Route partout, justice nulle part !

Pourtant, ce que les experts nomment des « inégalités sociales de santé » demeure absent du débat public. Silence radio. Un exemple ? Les débats sur la réduction de la vitesse maximale sur le périphérique, justement. Dès que la volonté de la Ville de Paris de passer de 70 à 50 kilomètres/heure a été rendue publique, la discussion s'est focalisée sur les contraintes de circulation pour les automobilistes. À de rares exceptions près, la santé des populations vivant et travaillant à proximité du périphérique n'a pas été abordée. Pourtant, la baisse de la vitesse maximale, en diminuant les effets d'accélération/freinage et le frottement des pneus sur la chaussée, permet aussi de réduire le bruit. En

34. 11 % de la population française prend régulièrement l'avion. Jérémie Peltier, « Les Français, les voyages et l'avion », Fondation Jean-Jaurès, 16 juin 2022.

janvier 2014, une première baisse de 90 à 70 kilomètres/heure avait permis de gagner 1,2 décibel la nuit. C'est comme si, pour le bruit, on avait « retiré » du trafic un quart des véhicules. Un bénéfice non négligeable sur la qualité de sommeil. Eh bien ce gain potentiel pour des dizaines de milliers de personnes a été passé sous silence. Comme si la seule chose qui comptait était les désagréments et les retards qu'allait forcément engendrer cette mesure qui, soit dit au passage, fait « perdre » *moins de deux minutes* aux usagers sur les 35 kilomètres de voies du périph'[35].

Pourquoi ce silence ? Trois raisons simples mais intimement liées. D'abord, les intérêts disons « classiques » des industriels. Les constructeurs automobiles ont investi 2,754 milliards d'euros en publicité en 2023 (somme en hausse de 20 %) ! Ce chiffre colossal illustre surtout la dépendance extrême des médias au secteur de l'automobile, qui, par ses vannes publicitaires, les finance abondamment. D'où, en retour, la surreprésentation de l'automobile sur les écrans et la quasi-absence, dans les reportages et sur les plateaux, de celles et de ceux qui subissent la voiture. Au détour d'un reportage d'une minute trente, on verra certes des mères qui amènent leurs enfants dans une école dont la cour donne sur l'autoroute, des familles vivant dans une tour au-dessus de l'échangeur de Bagnolet, ou encore des salariés travaillant dans des bureaux avec vue sur une porte de la capitale, mais ceux-là n'occupent pas les plateaux télévisés et ne s'expriment pas. Comme ils sont la plupart du temps invisibles, tout se passe comme s'ils n'existaient pas.

35. Notons d'ailleurs que le droit français sacralise la liberté de circulation (la liberté « d'aller et venir » a été consacrée à plusieurs reprises par le Conseil constitutionnel) bien plus qu'il ne protège le droit à respirer un air sain et de qualité.

Cette invisibilisation des inégalités pourrait se dupliquer dans tous les domaines. Jusqu'à celui de la sécurité routière. Si vous êtes jeune, peu diplômé et pauvre, votre risque de mourir au volant est en effet bien plus élevé que si vous avez un diplôme du supérieur, que vous jouissez de revenus confortables et que vous êtes une femme. Au-delà des comportements sur la route, l'accès à des véhicules plus sécurisés – et donc plus chers – est l'un des facteurs expliquant cette inégalité. Ainsi, en 2007, les ouvriers représentaient 22,1 % des conducteurs tués, alors qu'ils ne représentent que 12 % de la population de 15 ans et plus[36]. Il en résulte une sorte de paradoxe. Il n'aura échappé à personne que les mesures visant à réguler l'usage de la voiture sont souvent présentées comme antisociales (la fameuse « écologie punitive »), voire anti-pauvres. Un sacré tour de passe-passe quand on sait qu'une partie d'entre elles auraient justement pour effet de protéger les plus modestes. C'est vrai pour les limitations de vitesse sur les départementales, particulièrement meurtrières, ou l'installation de radars de vitesse. Les mesures coercitives sont souvent mal vécues (on se souvient des débats sans fin autour de la limitation de la vitesse à 80 kilomètres/heure sur les départementales), renvoyant à l'image d'impôts particulièrement impopulaires et injustes, destinés à remplir les caisses de l'État. Mais ces dispositifs, quand ils sont portés politiquement, montrent leur grande efficacité sur la sécurité routière. Et *on sait* que les vies préservées seront d'abord celles des jeunes issus des milieux les plus modestes.

Last but not least, un mot sur les zones à faible émission (ZFE), qui font couler tant d'encre et sont devenues de

---

36. Mathieu Grossetête, *Accidents de la route et inégalités sociales. Les morts, les médias et l'État*, Éditions du Croquant, 2012.

vraies usines à procrastination politique. De quoi parle-t-on ici ? De zones urbaines dont l'accès est refusé aux véhicules les plus émetteurs de polluants atmosphériques, en premier lieu ceux roulant au diesel. Ce n'est pas nouveau : plus de trois cents villes, dans toute l'Europe, en ont instauré une. En France, le sujet s'est invité dans la campagne municipale de 2014. Paris s'est retrouvé noyé dans un nuage de pollution qui a fait grand bruit. Il a provoqué une véritable prise de conscience qui s'est traduite notamment par l'annonce de la sortie du diesel sur dix ans et a conduit à la création de ZFE. Le principe est simple : les véhicules se voient attribuer des vignettes Crit'air qui vont de 5 à 0, cinq étant la classe la plus polluante et zéro la moins émissive[37]. Progressivement, les véhicules portant les vignettes au chiffre le plus élevé sont interdits de circulation dans la ZFE.

Cela fait dix ans que ce principe a été instauré, dix ans qu'on en connaît les enjeux, dix ans aussi qu'on en a identifié les limites et les freins. Et depuis, que s'est-il passé ? Rien ou si peu. Les infrastructures de transports en commun ont pris du retard. C'est seulement en septembre 2023 qu'Emmanuel Macron a annoncé un plan d'investissement pour treize RER métropolitains. De l'autre côté, les aides et bonus écologiques pour l'achat de nouveaux véhicules ont certes contribué à solvabiliser la demande de la filière électrique, mais sans véritablement soutenir les plus modestes. À vouloir donner à tout le monde, on n'a pas donné à celles et ceux qui en avaient le plus besoin. S'ajoute à cela un contrôle quasi inexistant

37. C'est l'âge des véhicules qui permet d'abord de déterminer leur niveau de dangerosité pour la qualité de l'air. Ainsi, les véhicules Crit'Air 3 seront interdits de circulation au 1er janvier 2025, précisément ceux au diesel mis en vente avant 2010 et ceux à essence datant d'avant 2006.

des vignettes Crit'air, avec des radars automatiques qui ne sont pas installés ni même d'ailleurs autorisés, tandis que le soutien aux professionnels qui utilisent des véhicules thermiques parfois polluants reste aléatoire.

On aurait voulu dégoûter la population de ces politiques pro-qualité de l'air, on ne s'y serait pas pris autrement. Ces zones à faible émission sont des coquilles vides, et leurs effets pervers, c'est-à-dire l'exclusion des plus modestes, qui n'ont ni accès à des solutions alternatives à l'automobile ni les moyens d'acheter un nouveau véhicule, n'ont pas été corrigés. Ces procrastinations ont fait croître la peur que les ZFE ne se transforment en bombe sociale. Il faut dire qu'entre-temps les gilets jaunes sont passés par là. Apeuré et sans vision, le pouvoir préfère reculer sur les ZFE plutôt qu'en corriger le fonctionnement et investir massivement dans les alternatives à l'automobile. Il est d'ailleurs regrettable qu'une partie de la gauche se soit engouffrée dans ce mouvement anti-ZFE, coïncidant malheureusement avec les positions du Rassemblement national. Faire croire au mythe de la voiture populaire et à son corollaire d'étalement urbain heureux, c'est pourtant attiser les frustrations, les inégalités et le sentiment d'injustice.

CHAPITRE 3
Vivre sans voiture, c'est possible !

Sans voiture individuelle, à quoi ressemblerait notre vie ? Nous irions au travail dans des TER, trams, bus ou métros passant à bonne fréquence, bien entretenus et peu chers. Et nous aurions la possibilité, un ou deux jours par semaine, pour les postes qui le permettent, de travailler à domicile ou près de chez nous, dans des bureaux mutualisés et financés par des caisses d'employeurs et l'État, dans le cadre d'une grande loi qui régulerait, protégerait et organiserait le télétravail. Pour nos loisirs, nous aurions le choix entre ces transports en commun, peut-être une voiture partagée ou un transport à la demande pour des endroits plus reculés.

Et nos courses, alors ? Nous les ferions principalement à proximité de notre logement, parce que les centres commerciaux auraient disparu – trop loin, trop compliqués d'accès, sans intérêt. Les centres-villes ou centres-bourgs seraient revitalisés (car, contrairement aux idées reçues, les zones piétonnisées sont propices aux activités commerciales de proximité), renvoyant les hypermarchés impersonnels à un passé guère heureux, et cela d'autant plus que le commerce en ligne – particulièrement plébiscité pendant les périodes de fortes chaleurs – serait mieux régulé et organisé.

Et enfin, nos voyages sur de plus longues distances ? Ils seraient effectués en train, bien sûr, car nous aurions alors un réseau performant, accessible, avec une grande fréquence. Le coût que nous consacrerions à nous déplacer serait assez faible, y compris pour les familles, tout comme les émissions de CO_2 causées par nos déplacements. Fini les embouteillages ou l'attente pour faire le plein à la station-essence. Avec ce temps gagné (et l'argent avec), ce serait l'occasion de faire plus de sport ou de bénévolat, de regarder des films, d'aller au théâtre, de prendre du temps avec nos proches, ou même de ne rien faire. Bref, de profiter de la vie. Ce serait un monde libéré de nombreuses contraintes.

Cette société-là n'est pas utopique, bien au contraire. Nous avons tout en main, en technologies et en organisation, pour la faire advenir. Et nous avons même la conviction qu'au fond une grande majorité la désire. Et pour cause : les intérêts que nous pourrions en tirer sont énormes. Pas seulement pour nos portefeuilles, mais aussi pour les équilibres de nos territoires.

Prenons par exemple les terres agricoles. En 2014, 1,2 million d'hectares, soit environ 3 % de la surface de la France métropolitaine, étaient couverts de routes et d'aménagements liés à l'usage de la voiture (principalement individuelle). Et chaque année, ce sont entre 1 000 et 2 000 hectares de plus qui disparaissent sous le bitume[38]. Les équipements routiers sont frappés de deux péchés originels : ils imperméabilisent les sols (zones de parking, réseaux d'accès aux maisons individuelles) et réduisent le couple temps/distance, augmentant *de facto* les distances possibles entre travail et logement, logement et loisirs… Résultat, depuis les années 1960, les politiques d'aménagement du territoire se

38. Portail de l'artificialisation des sols, site du gouvernement : urls.fr/eYxly7.

sont appuyées sur la voiture individuelle pour étaler sans fin les villes, avec des lotissements perdus au milieu des champs et des forêts[39]. C'est cet étalement et l'imperméabilisation qui l'accompagne qui sont en grande partie responsables des inondations dramatiques vécues par les habitants de nombreuses communes. Et c'est la voiture individuelle qui a rendu possible ce modèle d'aménagement du territoire, qui se construit en dehors des pôles ferroviaires du quotidien pour s'étaler indéfiniment dans des territoires dépendants de la voiture, structurés autour de zones commerciales qui détruisent le commerce de centre-ville.

Malgré la loi zéro artificialisation nette (dite loi ZAN), des contestations se font entendre, suscitant des dérogations parce qu'il faut plus de logements, plus de bâtiments de production et de consommation, plus d'autoroutes (la fameuse A69 et ses quelques minutes de gagnées au prix d'une destruction de terres agricoles), et que ça ne peut, semble-t-il, jamais se faire sur des friches.

A contrario, une vie libérée du tout-voiture individuelle nous obligerait à repenser positivement notre organisation territoriale. Comment? En posant la question de la démobilité (voir page 82). En rapprochant les lieux d'emploi des bassins de vie, les écoles des enfants, et les commerces des habitats, via une densification des petites communes au détriment des zones pavillonnaires, toujours un peu plus éloignées des centres de vie. La «ville du quart d'heure», qui permet à chacun de se retrouver à quinze minutes à pied des services essentiels, deviendrait alors la norme. Et moins de temps consacré à se déplacer en voiture, c'est aussi une

39. Voir notamment Myriam *Elhadad, Le Rêve pavillonnaire: les dessous d'un modèle*, documentaire produit par Temps noir, 2019. Extraits visibles ici: urls.fr/AU5tuL.

meilleure forme physique: des études montrent que passer plus de trente minutes dans un véhicule pour se rendre quotidiennement à son travail est source de problèmes de santé[40].

Enfin, il s'agirait d'abandonner l'«obsession métropolitaine», cette vision pharaonique et déshumanisée visant à construire des métropoles de plusieurs millions d'habitants (le Grand Paris en compte plus de 7 millions) qui concentrent richesses, emplois et services publics pour rester dans la compétition farouche à laquelle elles se livrent de par le monde. Cette vision aboutit notamment à la saturation des réseaux de transports en commun[41] et à des effets pervers majeurs tels que l'accroissement de la pollution de l'air ou des embouteillages monstres au quotidien. Penser un monde débarrassé de la voiture individuelle, c'est adopter une nouvelle vision de l'aménagement de notre territoire, un monde où, justement, les territoires coopèrent plus qu'ils ne se font concurrence. C'est un monde plus équilibré, plus égalitaire et qui redevient à taille humaine.

La voiture est devenue un piège pour ses utilisateurs[42], et ce sera encore plus vrai demain si nous ne faisons rien.

---

40. Notamment une étude coréenne réalisée sur 23 000 habitants: Dong-Wook Lee *et al.*, «Association between commuting time and depressive symptoms in 5th Korean Working Conditions Survey», *Science Direct*, janvier 2024. Ainsi qu'une étude réalisée en partenariat avec l'université de Cambridge, l'institut de recherche Rand Europe et l'assureur américain Mercer sur 34 000 travailleurs britanniques, publiée le 22 mai 2017 par l'assureur britannique Vitality.
41. Ainsi, à La Défense, quartier d'affaires de l'ouest du Grand Paris, où se concentrent tous les jours quelque 180 000 salariés, les entreprises sont obligées de «libérer» leurs employés sur différents créneaux pour éviter la trop grande saturation des lignes de métro et de RER.
42. «Usines, bureaux, grands magasins, centres commerciaux installés dans les campagnes doivent disposer de si vastes parkings que les utilisateurs font souvent, de leur véhicule à leur destination, une marche plus longue que s'ils descendaient d'un autobus ou d'un train de banlieue près d'un point central de la cité. Ils n'en conservent pas moins l'illusion que leur voiture peut les transporter de porte à porte.» Lewis Mumford, *La Cité à travers l'histoire*, Seuil, 1964.

Elle va coûter de plus en plus cher (l'essence comme l'électricité vont, selon toute vraisemblance, voir leur prix exploser) et, sans alternative ni modèle différent, être de plus en plus « obligatoire ». À ce titre, l'étude du cabinet 6t sur les mobilités en période de canicule est éclairante[43]. Si une partie des répondants à l'enquête indique renoncer à se déplacer, une autre déclare choisir la voiture individuelle car elle est climatisée. Cela peut aisément se comprendre : personne n'a envie de crever de chaud dans des transports bondés ou de se prendre des flots d'air brûlant à vélo (lequel crée toutefois sa propre ventilation). Mais l'usage massif de la voiture en période de canicule est particulièrement néfaste pour l'intérêt collectif : il augmente les émissions de CO_2 et accentue les risques de pics de pollution à l'ozone. C'est une facilité qui peut avoir des conséquences dévastatrices, dont certaines collectivités ont pris la mesure depuis longtemps.

Et soudain, Copenhague…

Ce qu'on croyait impossible est advenu. Des villes se sont progressivement débarrassées des voitures dans leur centre. L'exemple le plus connu en Europe reste Copenhague, ville réputée pour abriter plus de bicyclettes que d'habitants ! Et il est vrai que les chiffres sont impressionnants. Depuis près de dix ans déjà, il y circule davantage de vélos que de voitures. Aujourd'hui, la capitale danoise est présentée comme un paradis pour les cyclistes, apparemment portée par le goût immodéré de ses habitants pour la petite

---

43. Olivier Razemon, « Pendant les canicules, la voiture climatisée est prisée comme un refuge contre la chaleur, révèle une étude », *Le Monde*, 19 mars 2024.

reine. Or il n'en est rien. Ni le climat ni la culture ne prédisposaient cette grande ville à devenir pionnière en matière de mobilités douces et actives – le climat y est d'ailleurs particulièrement rude.

Les images de la ville dans les années 1970 ressemblent à celles de toutes les cités européennes du monde : des rues gavées de voitures, embouteillées et polluées. Ce n'est que dans les années 1980 que la municipalité de Copenhague, poussée par un mouvement de contestation sociale très fort pour sécuriser les abords des écoles et améliorer la sécurité en ville, met en place une politique pro-vélo et pro-marche. Celle-ci conjugue deux dimensions qui font son succès et ne peuvent fonctionner l'une sans l'autre : d'un côté, rendre l'usage de la voiture plus contraignant (en réalisant des plans de circulation plus compliqués) ; de l'autre, faciliter l'usage du vélo et la marche en investissant massivement dans les infrastructures cyclables et les zones piétonnes. C'est donc un combat politique de longue haleine et des choix courageux et clairs qui ont transformé le visage de la capitale du Danemark, et cela malgré les oppositions violentes que les responsables ont pu rencontrer. Or aujourd'hui, qui voudrait revenir en arrière ? Personne ! Dans l'hyper-centre de la ville, près de 60 % des déplacements s'effectuent à vélo.

Pourquoi ce changement de braquet ? L'insécurité routière, d'abord, comme nous l'avons vu, puis la pollution de l'air, le besoin de récupérer de l'espace dans des territoires étriqués et finalement inadaptés à l'usage de la voiture, mais aussi un changement de culture, aux antipodes du mythe automobile : moins de vitesse, moins de compétition et plus de coopération.

Ailleurs, ce sont les « classes créatives » (terme popularisé par l'urbaniste états-unien Richard Florida au début des années 2000[44]) qui ont reconquis des centres urbains en déshérence dans la deuxième moitié des années 1990 et ont diffusé des valeurs progressistes dans les orientations prises par les métropoles où elles habitaient. À Paris, cela s'est traduit par l'arrivée au pouvoir d'une coalition de gauche et écologiste en 2001, dans une capitale pourtant marquée à droite depuis des décennies. L'épisode du covid et du confinement – qui a permis à nombre d'urbains d'expérimenter leur cadre de vie sans bruit ni pollution – a accéléré le mouvement de transformation (avec une bascule vers des exécutifs écologistes pour certaines métropoles régionales comme Lyon, Bordeaux, Strasbourg, Poitiers ou Tours).

Au niveau européen, si la capitale française est une illustration de cette accélération, avec près de 100 kilomètres de pistes cyclables réalisées en cinq ans, des villes comme Barcelone, Bruxelles, Gand, Stockholm et, dans une moindre mesure, Londres ou Milan ont aussi entamé cette bifurcation de leurs modes de déplacement. Même Los Angeles, ville pourtant connue pour être l'une des plus «pro-bagnoles» au monde (les transports en commun y sont peu développés), a voté par référendum une mesure demandant la création de 480 kilomètres de voies de bus et de centaines de kilomètres de pistes cyclables. Une petite révolution ! Et pour cause : les politiques de réduction forte de l'automobile engrangent des bénéfices majeurs pour la population. Dans la seule capitale française, qui voit depuis 2024 plus de trajets à vélo qu'en voiture (inimaginable il y a encore une décennie), les effets sont nombreux : sécurité

---

44. Richard Florida, *The Rise Of The Creative Class. And how it's transforming work, leisure, community and everyday life*, Basic Book, 2002.

accrue aux abords des écoles qui bénéficient de rues piétonnisées, amélioration de la qualité de l'air, diminution du bruit lié au trafic routier (première cause de nuisance sonore dans la ville), tout cela sans oblitérer son attractivité touristique ni son activité commerciale, bien au contraire[45].

Des métropoles en sécession de l'automobile

Des villes ont donc réalisé ce qui semblait impossible : marginaliser la voiture et son usage. Avec un certain succès. À Paris, le nombre de voitures circulant quotidiennement a été divisé par deux depuis le début des années 2000, et seul un tiers de la population possède une automobile. Outre les contraintes relatives à l'usage de la voiture, ce résultat est permis par les alternatives en nombre. Le réseau de transports en commun francilien est ainsi l'un des plus denses du monde – même si, malheureusement, la mise en concurrence du réseau et l'absence de vision prospective sur son financement aboutissent à une inquiétante dégradation de sa qualité.

En ouvrant le champ des possibles, les métropoles ont rompu le consensus autour de la voiture qui a prévalu partout pendant de longues décennies. Elles ont fait sécession de l'automobile, pendant qu'une très large partie du territoire et de la population y est restée assignée. Si, selon l'Insee, près de 13 millions de Français habitaient dans des villes de plus de 65 000 habitants en 2016, cela signifie qu'ils étaient 53 millions (soit 80 %) à vivre dans

45. De nombreuses études montrent que la réduction de la voiture et la création de zones piétonnes favorisent le commerce de proximité. Voir notamment Mathieu Chassignet (expert à l'Ademe), « Commerces de proximité : en finir avec le dogme du "no parking, no business" », blog « Pour une mobilité durable et solidaire », *Alternatives économiques*.

des villes plus petites, dont une part importante sont des banlieues éloignées des métropoles mais situées dans leur aire d'influence (en clair, leur population doit s'y rendre pour travailler).

Cette rupture dans les modèles de mobilité accentue le clivage et le ressenti anti-ville (les fameux « bobos hors sol ») d'une part grandissante de la population et contribue à cristalliser les griefs et les antagonismes autour de la question écologique et de la transition. Est souvent mise en avant l'opposition entre centres urbains, réputés plus riches, et leurs banlieues, moins bien desservies. C'est une vraie question, même si elle est souvent instrumentalisée et dévoyée par les défenseurs du modèle de l'automobile. Par exemple, pour Paris et sa banlieue, près de 80 % des trajets centre-périphérie sont effectuées en transports en commun, et ce sont ces derniers qui transportent les personnes les plus modestes – à rebours de l'exemple souvent brandi de l'aide-soignante « qui vient de très loin et ne peut plus se garer à Paris » : très clairement, l'écrasante majorité des aides-soignantes se rend à la capitale en RER et en métro. Les 20 % restants sont majoritairement des flux liés aux professionnels et aux personnes les plus aisées.

Là est d'ailleurs tout l'enjeu du développement des lignes du Grand Paris Express, censées desservir une large part de la métropole[46], et d'une approche plus métropolitaine du système de transports et de mobilité. Cette remise en perspective, toutefois, ne change ni le sentiment de sécession qu'opéreraient les métropoles pour celles et ceux qui n'en bénéficient pas directement, ni la réalité d'une

46. 36 milliards d'euros y ont été investis. C'est le chantier le plus important depuis la création des lignes de métro au début des années 1900.

offre beaucoup plus faible d'alternatives à la voiture dès qu'on sort des zones très denses.

Pour répondre à cette situation, deux options se présentent alors : soit revenir à la voiture dans les centres urbains qui s'en libèrent progressivement, au risque de s'attirer les foudres des populations qui y vivent et y travaillent ; soit appliquer la politique du « no-voiture » partout sur le territoire. C'est cette deuxième option que nous croyons non seulement possible mais vitale. Vitale pour l'écologie, la santé, la préservation des sols et de la biodiversité ; vitale aussi pour la cohésion sociale et territoriale.

D'une manière générale, la question qui nous est posée sur l'automobile est à l'image des interrogations sur notre modèle de société dans son ensemble. Aujourd'hui, les territoires les plus favorisés se sont engagés dans des politiques d'adaptation aux dérèglements climatiques (les métropoles mondiales se sont même regroupées au sein d'une association, le C40, pour agir en commun), parfois de manière massive, tandis que les territoires plus pauvres ou éloignés des centres de décision et de production de valeur demeurent profondément dépendants d'un modèle plus traditionnel.

Cette fracture est un danger pour la cohésion nationale. Pour la combler, deux chantiers sont essentiels. Premièrement, les villes doivent poursuivre et amplifier leurs efforts pour réduire la part de la voiture dans les déplacements et terminer leur transition des mobilités – et avec elle la transformation de l'espace public récupéré pour le végétaliser et mieux l'adapter aux canicules. Deuxièmement, les investissements liés à l'adaptation et au changement de modèle doivent être réalisés sur l'ensemble du territoire et pour toute la population, surtout là où il y a peu de monde et où il est difficile, en l'état actuel, d'imaginer la vie sans voiture. Il ne s'agit donc pas d'agir uniquement dans les villes parce qu'elles seraient plus réceptives ou mieux adaptées au basculement, mais de proposer aux habitants des zones pavillonnaires, des villages et des villes intermédiaires des solutions pour qu'ils ne soient pas piégés à la pompe à essence, obligés de faire sans cesse des pleins qui dévorent leur salaire. Dans le champ de l'écologie en général et des mobilités en particulier, pour que les changements fonctionnent, il ne faut ni demi-mesure ni distinction. On réussit ensemble ou on perd ensemble.

Trois règles pour penser le monde post-voiture

Pour cela, et sans attendre une réorganisation complète de notre organisation territoriale[47], nous proposons trois règles simples. D'abord, de privilégier la *multiplicité* comme mode de réflexion. En matière de mobilité, ce n'est pas si aisé, tant on a cherché à simplifier autour d'un seul objet – la voiture – l'écrasante majorité des formes de déplacement. Or, en fonction de l'endroit où l'on habite, est-ce vraiment une voiture individuelle dont on a besoin ? Et le moyen de déplacement doit-il être le même selon que l'on s'achète un frigo, que l'on part en vacances ou que l'on va travailler ? Sur ce dernier point, a-t-on besoin du même moyen de transport si l'on habite à 5 kilomètres de son emploi ou à 20 ? Si on exerce son métier dans un bureau, dans le bâtiment, dans l'agriculture ou dans les soins à la personne ? Si on vit en ville, dans une zone périurbaine ou en milieu rural ?

47. Réorganisation qui, de fait, serait extrêmement longue. Toujours se souvenir que, lorsqu'on construit un pont, on le construit pour au moins un siècle !

Ces questions, la société ne se les pose pas, ou peu. L'hystérisation du débat rend difficile une parole nuancée, jusqu'à finalement cette assimilation : être critique, c'est forcément être un « bobo anti-bagnole ». Or, même en l'état actuel des infrastructures et des usages, la voiture individuelle n'est pas la solution la plus efficace pour tout le monde au même moment. C'est même le contraire. Tant et si bien qu'à force de vouloir utiliser l'auto pour tous les usages et tous les endroits, on finit par acheter très cher un véhicule qui n'est utilisé que 5 % du temps et dort dans le garage ou sur sa place de stationnement dans l'intervalle. Si on ramenait le coût d'un véhicule à l'usage que son propriétaire en fait réellement, l'heure d'utilisation reviendrait à une petite fortune.

La nécessité d'apporter de la multiplicité dans le système est déjà une réalité dans les zones urbanisées engagées dans la réduction de l'usage de la voiture, où l'on voit se cumuler les vélos, les trottinettes électriques, les gyropodes, la marche (+ 10 % des déplacements à Paris en dix ans) et toutes autres sortes de micro-mobilités. Cette évolution entraîne une transformation profonde des espaces publics et de leur organisation, générant d'ailleurs de nouveaux conflits, par exemple entre les piétons et les cyclistes. L'un des enjeux est donc bien de faire une proposition de transformation à tous les territoires, jusqu'aux moins denses, via une amélioration de l'interconnexion de tous les modes de déplacement (ce qu'on appelle la multimodalité), et en offrant des alternatives de transport collectif pas forcément identiques dans les villes denses et moins denses, mais fonctionnant sur le même principe. En résumé, nous proposons de déployer la multiplicité partout, sans ségrégation.

Notre deuxième règle consiste à abandonner le terme « individuel » pour le remplacer par *« collectif »*. Pourquoi ? Parce que, nous l'avons vu, les coûts d'un mode de déplacement individuel tel que l'automobile sont intenables sur le long terme. Et ce n'est pas l'électrification du parc – qui apporte certes des avantages, notamment en diminuant le bruit et les émissions de certains polluants dans l'atmosphère[48] – qui permettra de conserver un modèle fondé sur la mobilité individuelle. Les limites de l'électrique sont connues, en particulier celles des matériaux dits critiques (dont l'approvisionnement peut être rendu difficile)[49] nécessaires à la fabrication des batteries, qui sont principalement extraits par la Chine, ce qui pose des questions de souveraineté technologique et politique autant que de disponibilité. Il en va de même pour les véhicules autonomes, présentés il y a quelques années comme des solutions miracles pour améliorer la fluidité des déplacements et répondre au vieillissement de la population. À ce jour, les expériences menées par les industriels n'ont guère été concluantes en milieu réel, notamment en termes de sécurité sur les routes. Au demeurant, électrique ou autonome, une voiture individuelle prend toujours de la place dans un espace contraint, et son usage massif crée *de facto* de l'encombrement et des embouteillages.

---

48. Sans toutefois réduire les microparticules issues du freinage et de l'abrasion des pneus sur les routes, qui demeurent très importantes et particulièrement néfastes pour la santé.

49. En 2024, l'Union européenne a listé trente-quatre matériaux critiques, comme le cuivre, le manganèse ou encore le nickel, qui posent un véritable défi pour l'approvisionnement du Vieux Continent. Sans compter le retard technologique sur la production de véhicules, qui a amené Stellantis (ex-PSA) à prendre des participations dans Leapmotor, entreprise chinoise de fabrication de véhicules électriques à prix accessible, pour en devenir le principal distributeur en Europe.

Pour résumer, la solution ne peut pas être de remplacer chaque véhicule thermique par un véhicule électrique ou autonome, quand bien même leur prix diminuerait. Pour parler comme des économistes, il va nous falloir diminuer notre ratio énergie/matière dépensée par personne déplacée. Et pour cela, rien de tel que des transports collectifs. Est-ce à dire une perte de liberté ou de facilité dans nos déplacements quotidiens ? C'est là tout l'enjeu : cesser d'assimiler « individuel » et « libre », et « collectif » et « contrainte ». Cela implique de proposer un maillage de transports en commun suffisamment dense, efficace et sûr – en particulier pour les femmes – pour qu'il ne nous fasse pas perdre notre liberté de mouvements, voire qu'il l'améliore.

Enfin, en bons adeptes de l'économie circulaire, nous proposons, troisième règle, de mieux utiliser l'existant. C'est tout l'enjeu de l'*optimisation*. Rappelons-le, nos près de 40 millions d'automobiles sont utilisées 5 % seulement du temps. À cela s'ajoutent des routes, des autoroutes, une infrastructure et un réseau de compétences et de savoir-faire ; mais aussi des rails, des gares (pour beaucoup désertées ou transformées en centres commerciaux), des fleuves qui sillonnent tout le territoire : la France est bien dotée en infrastructures de mobilités. C'est une base qui mérite d'être mieux exploitée.

Vous n'imaginez pas tout ce que le train peut faire pour vous

Pour bien comprendre les enjeux, un petit rappel chiffré est nécessaire. En 2021, 866 milliards de kilomètres ont été parcourus sur le territoire ; 728 l'ont été en voiture, soit 84 % de l'ensemble. Les déplacements ferrés (train, tram, métro, RER) n'en ont représenté que 10%, alors que nous disposons d'un réseau important de voies et de matériels roulants.

Pourquoi le train a-t-il une part si faible dans nos déplacements? La réponse est simple: il n'y en a pas assez. Juste avant la création de la SNCF, en 1937, il existait 63000 kilomètres de voies ferrées, dont 20900 kilomètres de réseau d'intérêt local, exploité en régie directe par les conseils généraux ou par des compagnies privées pour le compte des départements[50]. En 2021, il ne reste que 27500 kilomètres de voies ferrées, dont seulement 70 kilomètres d'intérêt local (autant dire rien). En face, la route affiche plus d'un million de kilomètres. Pour résumer, il y a quarante fois plus de routes que de voies ferrées, contre – c'est intéressant à noter – seulement huit fois plus de kilomètres parcourus en voiture qu'en train. Les kilomètres de voies ferrées sont plus utilisés (on pourrait dire utiles) que les kilomètres de route, ce qui laisse à penser que, s'il y en avait plus, l'utilisation de la voiture individuelle diminuerait d'autant.

Alors, certes, on nous répète que le transport collectif ferré n'est pas le plus pertinent sur tout le territoire[51], qu'il y a des questions de densité de population, de topographie, de coût de déplacement, de charges pour la collectivité.

50. Ces lignes, produites et exploitées de façon bien moins coûteuse que le reste du réseau, ont été développées à partir de 1859 pour desservir des zones rurales peu peuplées.

51. C'est ici le moment de rappeler l'histoire du canton (rural et montagnard) des Grisons, en Suisse, qui a interdit, entre 1900 et 1925, la circulation en voiture sur l'ensemble du territoire. Les arguments développés étaient «principalement d'ordre économique: les voitures accroissent considérablement le coût de la maintenance des routes et surtout entrent en concurrence avec un réseau ferroviaire public qu'il faudrait tôt ou tard subventionner par l'impôt». Christophe Bonneuil et Jean-Baptiste Fressoz, *L'Événement anthropocène. La Terre, l'histoire et nous*, Points Seuil, 2016. Comme quoi, tout est question de choix collectifs.

Mais les coûts de la voiture, en termes de morts sur les routes, de santé publique ou encore de destruction de la biodiversité et des écosystèmes – soit autant de charges supportées par la collectivité –, sont eux aussi extraordinairement élevés. Une étude du ministère de l'Économie rappelle que les automobilistes ne «payent» en moyenne que 36 % de ce qu'ils coûtent à la société[52]. Concrètement, quand on conduit un véhicule thermique, pour chaque kilomètre parcouru, on acquitte 7 centimes en péages et autres taxes, mais on coûte 19,5 centimes à la société en frais de santé ou en accidents de la route ! Cette disproportion est gigantesque et pose la question suivante : ne devrait-on pas consacrer cet argent à autre chose qu'à subventionner le système automobile ? Car chaque euro destiné aux routes ou au financement des conséquences collectives d'un usage massif d'un véhicule individuel ne va pas ailleurs – en particulier dans le réseau ferré.

De fait, pendant les décennies durant lesquelles nous avons investi dans l'automobile, l'offre ferroviaire s'est dégradée. Le développement du TGV à partir des années 1980 est non seulement l'arbre qui cache la forêt, mais il est surtout l'arbre qui a asséché la forêt. La folie de la grande vitesse a littéralement absorbé la quasi-totalité des investissements dans le ferré, déjà en diminution, entraînant la déshérence ou la disparition de nombreuses lignes locales. Prenons l'exemple du Paris-Belfort. Cette ligne TER relie actuellement la capitale à une série de villes moyennes de l'est de la France, dont Troyes, Langres, Vesoul et Belfort. Son avenir a longtemps été débattu, car son utilité était contestée dans la perspective d'une ligne à

52. Antoine Bergerot, Gabriel Comolet et Thomas Salez, «Les usagers de la route paient-ils le juste prix de leurs circulations ?», *op. cit.*

grande vitesse reliant Paris, Besançon et Mulhouse, dont la création s'est accompagnée de la construction de deux nouvelles gares : Besançon TGV (à une quinzaine de kilomètres de la ville) et Belfort-Montbéliard TGV. Pourquoi conserver une gare et un arrêt à Vesoul, par exemple, alors que la gare Besançon TGV, à 40 minutes en voiture de la préfecture haute-saônoise, avait été ouverte en grande pompe ? C'était d'ailleurs l'objectif que de rapatrier tout le trafic local dans cette nouvelle gare érigée au milieu de nulle part – une de ces fameuses « gares betteraves » qui ont réussi le tour de force de faire perdre au train l'un de ses avantages décisifs : vous emmener en plein centre-ville de votre destination. Et qu'importe que les voyageurs de Vesoul doivent prendre leur voiture ou un bus pour se rendre dans cette nouvelle infrastructure et que, bien sûr, le billet leur revienne beaucoup plus cher.

Cet exemple illustre la dégradation des lignes locales, avec des conséquences sociales majeures sur nos mobilités. Si le Paris-Belfort a finalement résisté, c'est d'abord grâce à une mobilisation locale très forte. Au demeurant, bien que des investissements aient été réalisés ces dernières années, notamment avec l'arrivée de nouveaux matériels roulants, la ligne reste de très mauvaise qualité, avec peu de trains et des retards à répétition, en raison d'un sous-investissement manifeste durant plusieurs années.

Entre 1930 et 2014, la France a perdu 16 000 kilomètres de voies ferrées – 36 000 si on y ajoute le réseau d'intérêt local. Citoyens de seconde zone, les habitants des zones qui ne sont plus desservies par le train n'ont qu'à prendre leur voiture. À leurs frais.

Pour rétablir l'équilibre, la première chose à faire est d'arrêter de construire des routes et d'investir dans la voiture individuelle, directement ou indirectement (en mettant fin par exemple à la fiscalité avantageuse des véhicules de fonction pour des cadres dirigeants qui n'en ont pas une utilité directe pour leur travail), puis de réorienter tout cet argent vers le ferré. Plus aucun euro pour l'automobile, beaucoup d'argent pour le train. Avantage : si l'on met de côté la spécificité des lignes à grande vitesse, dont la construction, la maintenance et l'exploitation sont particulièrement coûteuses, le train coûte moins cher, présente plus de fiabilité et évite la surmortalité liée à l'automobile. Sans oublier qu'il est parfaitement possible de travailler dans un train, alors que c'est vivement déconseillé quand on conduit une voiture…

En outre, une partie du réseau construit entre 1850 et la Seconde Guerre mondiale existe encore. Ce qui signifie que « faire préférer le train », pour reprendre un vieux slogan de la SNCF, n'obligerait pas à lancer un énorme programme de construction de voies (ce qui prend beaucoup de temps) : il suffirait de réhabiliter les voies pour les mettre aux normes actuelles. L'investissement nécessaire a été estimé à 100 milliards d'euros d'ici à 2040 (dans sa fourchette basse), une somme certes importante mais relativement contenue. Telle est la démarche qu'a engagée l'Allemagne, qui a lancé un programme d'investissements de 40 à 60 milliards d'euros pour réhabiliter et développer son réseau ferré, afin notamment de réduire ses émissions de CO_2.

Comme le précise l'Agence de la transition écologique (Ademe), le secteur des transports est le premier émetteur de gaz à effet de serre : il est responsable de 30 % des émissions de CO_2. Et ce, en grande partie à cause de la voiture individuelle. Sur le site de cette agence, il est possible de comparer le coût en CO_2 de tous les modes de déplacement. Par exemple, pour 10 kilomètres, une voiture thermique émettra (construction incluse) 2,18 kilos de CO_2, contre 0,28 kilo pour les TER (sachant qu'une bonne partie d'entre eux sont hybrides, électriques et diesel, en raison d'un réseau non totalement électrifié). La voiture thermique pollue huit fois plus que le TER qui sillonne nos campagnes et, si la voiture électrique pollue moins, elle le fait tout de même quatre fois plus que ce bon vieux TER. Le collectif est toujours moins polluant que l'individuel[53].

Et puis le ferré, ce sont des emplois non délocalisables : 150 000 dans le secteur (y compris les quelque 5 000 salariés du fret) ; 108 000 dans le transport collectif urbain, dont une partie est ferrée (tram, métro, RER)[54]. Sans compter les emplois issus du développement de l'industrie ferrée (construction de voies, de locomotives, électrification des voies...).

Bien entendu, cela ne peut se faire en un jour. Mais rien n'empêche de proposer un système transitoire de transports collectifs en investissant dans des lignes de bus performantes. Ce n'est pas optimal, en particulier sur le plan de l'environnement et de la pollution de l'air, mais ces lignes auraient l'avantage de pouvoir être mises en place rapidement et de permettre ainsi au plus grand nombre de bénéficier des effets d'une offre dense de transports collectifs en attendant le basculement vers le ferré.

53. À l'exception de l'avion, mais qui reste réservé à une minorité, comme on l'a vu plus haut.
54. « Chiffres clés des transports », ministère de la Transition écologique et de la Cohésion des territoires, 2023.

La marche et le vélo ne sont pas réservés aux centres-villes

Impossible de ne pas dire un mot du vélo, développé à vitesse grand V dans les centres de nombreuses villes, avec des résultats extrêmement prometteurs : en 2023, à Paris, le nombre de déplacements à vélo a dépassé celui des trajets effectués en voiture pour les déplacements intra-muros et centre/première couronne. Ce développement est largement médiatisé, surtout depuis la crise du covid, qui a vu de nombreuses villes mettre en place des « coronapistes », ces pistes cyclables provisoires qui ont été pour certaines pérennisées par la suite. Le phénomène, cependant, reste limité aux zones très denses, c'est-à-dire urbaines. L'image de la bicyclette en a d'ailleurs été largement modifiée : hier perçue comme populaire, réservée aux plus modestes (voire ringarde), elle est aujourd'hui identifiée comme un mode de déplacement d'urbains plutôt aisés (même si les études sur l'usage du vélo en ville révèlent que les plus modestes l'utilisent bien davantage que les plus riches) et « fashion ».

Or le vélo n'est pas et ne doit pas être réservé à quelques privilégiés habitant en ville. D'abord, parce qu'il est parfaitement adapté à des trajets courts, de moins de 10 kilomètres. Or quatre trajets sur dix effectués en voiture font moins de 5 kilomètres[55]. Ensuite, parce qu'il peut être pensé comme un véritable transport de masse, quelle que soit la configuration du territoire[56]. Pour cela, il

55. Vincent Grimault, « Est-ce le début de la fin du tout-voiture ? », *Alternatives économiques*, 17 octobre 2023.
56. Il l'a même été historiquement. « À la veille de la Première Guerre mondiale, on compte plus de 3,4 millions de bicyclettes, soit une pour onze habitants, et le marché augmente chaque année de 350 000 à 380 000 unités nouvelles, pour une production de 400 000 à 450 000 bécanes. » Christophe Charle, Bruno Dumezil, Brigitte Marin (dir.), *L'Europe. Encyclopédie historique*, Actes Sud, 2018.

s'agit avant tout de le prendre au sérieux, de le considérer comme un mode de déplacement à part entière nécessitant ses propres infrastructures – donc des pistes cyclables et du stationnement sécurisé pour les cyclistes. Comme cela s'est fait aux Pays-Bas, précurseur dans le domaine, où tout le territoire est largement maillé. Les chiffres publiés par l'association Vélo et Territoires sont déjà très encourageants : un quart des Français sont des cyclistes réguliers, avec un bond de 37 % en cinq ans. Malgré cela, la France ne se classe qu'au 21e rang européen en matière d'investissement dans les politiques cyclables – autant dire en queue de peloton. Pas étonnant que plus de la moitié des trajets de 5 kilomètres et moins soient encore réalisés en voiture (et moins de 4 % à vélo).

Pourtant, le vélo n'a quasiment que des avantages. Il consomme peu d'énergie (même l'électrique), il est bon pour la santé, il ne fait pas de bruit et il est moins dangereux qu'une automobile, même s'il importe de mieux réguler les conflits dans les zones où il s'est fortement développé. Selon une étude publiée dans *The Lancet*, si 25 % des trajets de moins de 5 kilomètres effectués en voiture se reportaient vers le vélo, quatre mille décès prématurés seraient évités tous les ans, avec une économie de 2,6 milliards d'euros en frais de santé – sans compter les émissions de CO_2 en moins[57].

La Fédération française des usagers de la bicyclette estime qu'un investissement de 2,5 milliards d'euros sur cinq ans uniquement sur les infrastructures, c'est-à-dire les pistes cyclables, permettrait de massifier l'usage du vélo.

57. Émilie Schwarz, Marion Leroutier, Audrey de Nazelle, Philippe Quirion et Kevin Jean, « The untapped health and climate potential of cycling in France (le potentiel sanitaire et climatique inexploité du vélo en France) : a national assessment from individual travel data », *The Lancet*, 29 février 2024.

Au regard des bénéfices, c'est peu dire que ce serait particulièrement rentable, tout comme le serait la mise en place d'une véritable politique en faveur de la marche.

Là encore, celle-ci est trop souvent perçue comme un « truc de la ville ». De fait, à la campagne, il n'est pas rare de prendre sa voiture pour aller chercher son pain à 500 mètres. Non parce que les habitants y seraient plus fainéants qu'en ville, mais simplement parce que ces 500 mètres sont souvent un parcours du combattant. On a fait de la vie des piétons un Koh-Lanta permanent, où l'on se retrouve perdu au milieu de carrefours routiers dangereux, ou, dans le meilleur des cas, à attendre de longues minutes pour pouvoir traverser sans crainte de se faire renverser. Or penser ce qu'on appelle les continuités piétonnes, réfléchir à la manière dont les gens marchent, assurer leur sécurité, c'est aussi favoriser la marche. Avec des avantages massifs pour la santé. La marche comme le vélo (il est d'ailleurs impossible de penser l'un sans l'autre) sont des leviers de transformation majeure pour inventer d'autres façons de se déplacer et d'habiter, au bénéfice de la proximité, de la convivialité, du ralentissement et de la diminution de la pression.

Soyons interconnectés

Depuis des années, on entend que la technologie va nous sauver, notamment des problèmes créés par la technologie précédente. On trouvera une solution technique pour gérer les déchets radioactifs de la technologie nucléaire. On trouvera une solution technique pour gérer les déchets plastiques et autres rebuts non dégradables de la technologie chimique pétrolière. On trouvera une solution technique pour capter les émissions de carbone (et autres particules nocives) dues à deux siècles de développement technologique industriel. Et d'ailleurs on a trouvé des solutions technologiques pour arrêter les émissions de CO_2 des voitures individuelles : on remplace les thermiques par des électriques et nos bonnes vieilles autos conduites manuellement par des voitures autonomes ! Mais, nous l'avons vu, ces chemins technologiques ne répondent pas, ou trop partiellement, aux enjeux qui sont les nôtres.

En matière de mobilité, on dispose déjà de beaucoup (tout ?) pour nous permettre de répondre à notre principal besoin : aller d'un point A à un point B. La marche (utilisée depuis des millénaires), le « bus » (les carrosses de Blaise Pascal ont été créés en 1662, tandis que l'essor des omnibus marque la deuxième partie du XIXe siècle), le train (la locomotive à vapeur a été inventée en 1804), le vélo (généralisé depuis la fin du XIXe siècle), le métro (créé à l'aube du XXe siècle), puis la voiture et l'avion, qui tous deux vont prendre leur essor dès la première moitié du XXe siècle. Nous disposons donc d'un portefeuille d'outils de mobilité essentiels, sans que nous ayons besoin d'en développer de nouveaux pour répondre aux enjeux sanitaires, climatiques et financiers qui se posent à nous.

Il se trouve que dans ce panel, pour les trajets allant jusqu'à 1 000 kilomètres, la voiture a tout emporté. Mais, dans un monde qui se rééquilibre au profit de transports collectifs et/ou moins coûteux sur un plan environnemental, les choses deviennent plus complexes. Les déplacements se font de plus en plus en utilisant plusieurs modes de transport (voiture, puis train, puis vélo ou marche par exemple). C'est cette chaîne de complexité qu'il faut fluidifier et articuler pour faciliter au maximum le passage d'un mode à un autre. C'est ce qu'on appelle l'intermodalité (alors qu'on parle de correspondance quand on passe d'un train à un autre train). Et c'est justement cette capacité à interconnecter l'ensemble des modes qui permet à chacun d'entre eux d'être efficace. Ainsi le vélo, dont on dit qu'il n'est pas adapté au milieu rural. C'est complètement faux : le vélo est adapté pour des trajets allant jusqu'à 7 ou 8 kilomètres, pour aller prendre son TER, par exemple. Si le maillage est sécurisé, confortable, et que les pistes sont bien connectées à d'autres modes – des bus, des gares –, le vélo peut prendre toute sa place à la campagne comme en ville.

Avant toute chose, il n'est pas inutile de rappeler que l'intermodalité se pense dès les infrastructures. Fini les gares routières à 3 kilomètres des gares ferroviaires, les parkings relais sous-dimensionnés ou inexistants, ou ces nouvelles gares ferroviaires qui obligent à prendre sa voiture pour s'y rendre ! Les gares doivent être proches ou parfaitement reliées aux centres-villes qu'elles desservent, et disposer de parkings à vélos sécurisés. C'est donc un tout qu'il faut penser comme tel.

En outre, pour que toutes les solutions de mobilité soient performantes ensemble, il faut que leur usage soit simple et fiable. C'est ici que la technologie, via les applications et les systèmes de « gestion clients », peut nous aider. C'est déjà le cas dans les grands centres urbains, où l'on peut trouver sur une même interface des informations et un accès à plusieurs types de transports, comme les applications développées par les entreprises gestionnaires des transports publics – même si l'on est encore loin d'outils proposant une liste exhaustive des solutions de mobilité. Il est possible de reproduire la même chose sur des territoires moins dotés en offres, avec un enjeu important, celui d'interconnecter toutes les informations de déplacement sans les limiter à une ville, un département ou même une région, avec la capacité, pour le voyageur, d'acheter via la même application des billets intégrant plusieurs modes de déplacement: train, vélo, location de voiture, bus, transport à la demande etc. Cette tarification intégrée, avec toutes les informations disponibles facilement, c'est le rêve de tous les acteurs qui réfléchissent à la mobilité – et accessoirement l'objectif des autorités organisatrices des mobilités (AOM), dont l'objet, depuis la loi d'orientation des mobilités (LOM) de 2018, est d'organiser et de coordonner ces différentes modalités sur un territoire donné.

Malheureusement, la question du partage des données commerciales des entreprises privées et publiques et celle de la répartition des recettes rendent ce projet très difficile à réaliser, alors même que la technologie le permettrait. Avec une volonté politique claire et stable, sans les revirements que nous subissons à chaque mouvement d'opinion, la collecte des données de transport existantes, le développement des outils adaptés à chaque territoire et leur mise en service intégrant des moyens de paiement simples pourraient être réalisés. Ou quand la multiplicité n'est pas (fatalement) compliquée.

Faire (re)vivre nos quartiers

Quand on parle de mobilités, on parle aussi bien sûr d'aménagement de nos territoires. André Gorz le disait: il ne faut «jamais poser le problème du transport isolément, [mais] toujours le lier au problème de la ville, de la division sociale du travail et de la compartimentation que celle-ci a introduite entre les diverses dimensions de l'existence». Répétons-le, choisir un modèle centré sur la voiture individuelle, c'est bien plus que choisir un moyen pour se déplacer, c'est faire le choix *de facto* d'une division et d'une spécialisation des territoires (ici on travaille, là-bas on consomme, ici encore on se loge, et plus loin on se cultive), interconnectés par des routes. Ce choix a des conséquences majeures : artificialisation outrancière des sols, surconcentration des richesses sur de tout petits espaces et, par effet miroir, surconcentration des difficultés sur d'autres.

Sortir du tout-voiture individuelle, c'est donc penser différemment notre organisation spatiale, de manière plus équilibrée, plus égalitaire, dans le respect des équilibres écosystémiques. Cela ne se décrète pas en un claquement de doigts, mais on peut déjà avancer quelques propositions concrètes. Avec un horizon, celui de rapprocher au maximum les lieux où l'on travaille, se cultive, fait du sport, dort, sort, etc. Cette absolue nécessité de «mixité fonctionnelle», pour utiliser un terme plus technique, existe déjà dans les centres-villes, où presque tout peut se faire à pied (dans la «ville du quart d'heure», on accède à toutes les fonctions de la ville en marchant quinze minutes). C'est en grande partie ce qui permet de ne pas avoir à utiliser son automobile. Dans cette optique, lancer une grande opération de requalification (au minimum) des autoroutes urbaines pour les transformer en boulevards urbains, ou empêcher les projets qui spécialisent des territoires et qui ne sont accessibles qu'en voiture devrait constituer une priorité.

Sur ce deuxième point, comment peut-on encore autoriser et construire des centres commerciaux à plusieurs kilomètres des villes ? Comment imaginer qu'on puisse aujourd'hui bâtir des centres d'affaires ou des lotissements sans aucun service public, ni même une boulangerie ou une pharmacie à proximité, et dénués de transports en commun ? Ces projets sont d'abord permis et pensés pour l'usage exclusif de la voiture individuelle.

Pour faire revivre les quartiers, qu'ils soient en ville ou dans les campagnes, c'est un plan national de rénovation des territoires, sorte d'Anru (Agence nationale pour la rénovation urbaine) du périurbain, qu'il nous faut. Il viserait à diminuer le nombre de routes et d'autoroutes grâce à un rapprochement des activités, en sortant de cette spécialisation des territoires. Ce plan de « mixité et densification » rendrait accessibles les différents lieux de vie, travail, etc. sans obligation de prendre sa voiture. Il s'agirait notamment de faire revivre les gares. Des milliers d'entre elles ont été fermées et laissées à l'abandon dans de nombreuses villes et bourgades. Elles pourraient être remises en service, bien sûr, mais aussi et surtout devenir des lieux de centralité autour desquels se développeraient des activités commerciales, productives et d'habitation partout dans le pays.

Et là où il n'y a pas de réseau ferré à remettre en fonctionnement, des solutions de transport collectif adaptées aux besoins existent, parfois déjà mises en service avec succès, comme des lignes de bus classiques ou une offre « à la demande », telle la Navette de Cornouailles, à Quimper[58]. Cette offre est d'autant plus intéressante qu'elle permet à des travailleurs faisant des rotations en 3x8 d'avoir accès à un transport en commun à des horaires où il n'y en a habituellement pas. Cela consiste en un déplacement en bus ou minibus (parfois même en voiture ou en taxi) qui ne fonctionne pas selon des horaires prédéterminés mais

58. Héloïse Leussier, « À Quimper, la navette domicile-travail fait le plein », *Alternatives économiques*, 27 mai 2024

s'adapte aux besoins (horaires et trajets) de ses usagers. Ces derniers peuvent solliciter des passages ponctuels ou réguliers. C'est dans ce deuxième cas que s'inscrit la Navette de Cornouailles, lancée à l'initiative de l'association Mobil'emploi, qui lutte pour que l'absence de mobilité ne soit plus un frein à l'emploi.

Les collectivités mais aussi les entreprises ont bien compris l'utilité de cette démarche, qui permet de recruter des personnes qui ne possèdent pas de voiture. Et pour les métiers très mobiles (aides à domicile, réparateur…), cette association propose aussi des locations de véhicules ou de l'autopartage, sur le même modèle que les vélos en location longue durée proposés aux Franciliens. Ces initiatives, encore limitées à certains territoires innovants, démontrent leur efficacité et auraient tout intérêt à être reproduites partout en France

Mais que reste-t-il de la voiture, alors ?

Dans la période de transition, la voiture a encore un rôle à jouer. Nombre d'artisans, de livreurs et autres professionnels utilisent des véhicules motorisés, tandis que certaines personnes en situation de handicap y trouvent une solution adaptée. Ces usages qu'on pourrait qualifier d'essentiels doivent pouvoir être sanctuarisés, voire facilités par la puissance publique, par exemple avec la création d'itinéraires et de places réservés dans les centres-villes, ou encore la gratuité du stationnement pour les personnes en situation de handicap, parkings privés ou sous concession inclus.

Pour les véhicules qui continueront de circuler, des changements s'imposent. La motorisation, bien entendu, avec le passage à l'électrique. Mais aussi des aménagements basiques, comme l'obligation, pour les constructeurs, de ne vendre que des véhicules clairs, bien moins chauds pendant les périodes de canicule du fait de leur capacité à repousser tous les rayons du soleil (on relève une différence de température sur la carrosserie jusqu'à 11° C entre une couleur blanche et une teinte foncée), ou des tarifs d'amendes proportionnels aux revenus du contrevenant, pour que l'incitation à mieux respecter les règles de la route ait le même coût réel pour tout le monde. Il faudra enfin accélérer le rétrofit, qui consiste à remplacer un moteur thermique par un moteur plus vertueux écologiquement. La filière peine à se développer, faute d'aide et d'un cadre réglementaire mieux adapté à cette activité de réemploi.

Mais c'est surtout l'usage individuel de la voiture qu'il nous faut réduire. Comment peut-on encore admettre que des véhicules de plus d'une tonne circulent avec une seule personne à bord[59], quelques heures seulement par semaine, et passent tout le reste du temps au garage? Comment peut-on accepter cette gabegie de temps, d'énergie et de ressources? Dans une phase de transition vers des transports plus collectifs, un meilleur usage du parc automobile existant est une nécessité vitale. Ainsi des solutions de covoiturage. On pense bien sûr à BlaBlaCar, qui s'est imposé comme un acteur majeur du secteur ces dernières années. Mais le covoiturage cherche à se professionnaliser et à se massifier. Pour cela, garantir un véhicule (ou plutôt un siège de véhicule) dans un délai court, avec la promesse de pouvoir revenir à son point initial, est essentiel. C'est ce que propose une entreprise comme Ecov, qui travaille avec certaines municipalités et cherche à développer des lignes où les usagers pourraient

59. 83,8 % des automobilistes roulent seuls dans leur voiture, selon l'édition 2024 du Baromètre de l'autosolisme.

commander des trajets dans des voitures qui sont déjà en mouvement sur les routes du parcours. À côté de ces offres « industrielles » existent aussi des initiatives locales de pure coopération, comme tootOtoor (lire « tout autour »), application solidaire et citoyenne née dans le nord de la Nièvre et se développant partout en France.

Indéniablement, quelque chose se passe autour du covoiturage : on en parle de plus en plus, on en débat aussi, notamment à propos du projet de création d'une voie réservée au covoiturage et aux transports en commun sur le périphérique parisien. Cette prime incitative à l'usage partagé de son véhicule est pensée pour optimiser l'usage des voitures. C'est-à-dire permettre le même nombre de déplacements mais avec moins de véhicules en circulation. Donc également moins de pollution, moins de bruit et un partage des coûts pour les usagers. Ce dispositif existe déjà à Los Angeles, ville pourtant grande adepte du tout-voiture (avec ses voies rapides), ou encore à Grenoble ou sur des portions de l'autoroute A1. L'hypothèse de créer une telle voie sur le périphérique a engendré des débats qui sont parfois d'une grande violence, montrant là encore les freins à la réduction effective de l'usage (ici on pourrait parler d'optimisation) de l'automobile.

Pourtant, le covoiturage peut être une alternative flexible et peu coûteuse à la voiture individuelle, en l'absence de bus ou de TER. Sur de nombreux territoires, on peut le rapprocher des offres de transport à la demande (TAD) ou d'utilité sociale (TUS) dont nous avons parlé plus haut, sans horaires ni itinéraires, notamment pour les personnes à mobilité réduite. La SNCF pratique d'ailleurs ce système avec ses « taxis TER », qui complètent ou remplacent des fins de lignes non desservies. Enfin, le covoiturage ne pourrait-il pas représenter un premier pas vers le réapprentissage du collectif, après des années d'autosolisme?

Nous n'oublions pas que sur une partie du territoire, comme les zones à très faible densité de population, certains habitants sont peu équipés en outils numériques, que ce soit en raison de leur âge, de leur isolement ou d'un manque de réseau. Dans ces lieux spécifiques, nous pourrions imaginer la création d'un statut d'«aidant à la mobilité» pour les personnes qui y travaillent: les facteurs qui apportent déjà des repas et tiennent un peu compagnie à des personnes âgées et/ou isolées, les aides à domicile qui font bien plus que la toilette, le ménage et la vérification de la prise de médicaments, etc. Ces acteurs clés des services publics[60] pourraient prendre les réservations de déplacement en TAD des habitants qui doivent se rendre chez le médecin, passer un entretien d'embauche, aller travailler ou simplement voir leur famille. Évidemment, cette nouvelle compétence doit s'accompagner de formations et d'évolutions de carrière, notamment salariales. Cela constituerait un remède à l'isolement, sécuriserait la route en évitant que des conducteurs trop âgés n'aient pas d'autre choix que de prendre le volant et ouvrirait des perspectives professionnelles à des personnes n'ayant pas les moyens d'avoir une voiture individuelle.

Enfin, *quid* de l'autopartage – à savoir la mutualisation de véhicules réservables pour de courtes (voire très courtes) durées? Il constitue une solution pour un usage modéré de l'automobile. C'est encore aujourd'hui une voie peu explorée (en 2023, le ministère de l'Environnement comptait seulement 11500 véhicules partagés sur tout le territoire),

60. Les aides à domicile travaillent dans des associations en délégation de service public, financées par les collectivités territoriales.

même si les résultats sont positifs (moins 10 % d'émissions de gaz à effet de serre, et une voiture partagée « remplace » cinq à huit voitures individuelles). Son développement reste mesuré, car il est lié à une offre très forte de transports en commun et d'alternatives (il est considéré comme un complément ponctuel). Il est plus difficile à mettre en place dans des zones moins denses, pour des questions d'accès aux véhicules. Il n'en pourrait pas moins constituer une option sérieuse pour les habitants de petits bourgs.

Profiter de son chez-soi, une solution ?

Enfin, sur le plan écologique, le meilleur déplacement… c'est celui qu'on ne fait pas. Il n'est pas inutile de répéter cette vérité simple, qui appelle une forme de sobriété dans les mobilités. Ni de pointer qu'une grande part de nos déplacements sont contraints, principalement pour aller travailler. Une enquête menée entre décembre 2018 et février 2020 souligne ainsi que 39 % de nos déplacements servent à nous rendre sur notre lieu d'emploi (contre 25 % pour le sport et les loisirs)[61].

C'est cette part de déplacements subis (personne ne prend plaisir à rester plus d'une heure dans un RER bondé ou coincé dans sa voiture dans un bouchon qui n'en finit pas) qu'il s'agit de diminuer. Avec au moins deux nécessités. D'abord, une véritable politique du télétravail, dont la pratique a, par la force des choses, explosé en 2020 avec le confinement lié à l'épidémie de covid, mais qui demeure anarchique, sans réelle orientation nationale ou européenne, alors que les enjeux sont nombreux et majeurs :

61. « Enquête nationale Mobilité et Modes de vie », Forum vies mobiles, Observatoire Société et Consommation, 2020.

protection des salariés en télétravail, durée du travail à la maison, solutions pour les salariés dont le domicile n'est pas isolé thermiquement, etc. La démobilité est aujourd'hui au programme des discussions sur les transformations de nos manières de nous déplacer, le non-déplacement étant, quand c'est possible, un choix au même titre que les autres. Deuxième nécessité : la régulation des livraisons et du e-commerce, en particulier des courses express, surtout pour livrer des repas, qui se développent de manière exponentielle, avec un boom significatif, là encore, depuis le confinement.

Sur le télétravail, d'abord, que dit la loi ? Qu'il est et doit rester une pratique offerte aux salariés, avec un principe de réversibilité et une évolution possible dans le temps. Cette possibilité ne doit ni enfermer les gens chez eux ni être une variable d'ajustement de la surcharge de travail, de plus en plus observée dans la quasi-totalité des secteurs d'activité. Encore moins une façon de faire des économies sur les locations de mètres carrés de bureaux. Une réalité, cependant : le télétravail, s'il est vu comme bénéfique par celles et ceux qui peuvent en profiter, peut susciter du ressentiment chez les autres (on parle parfois de la France du lundi-jeudi, pour qualifier les salariés qui ont la possibilité de partir loin des centres urbains du jeudi soir au lundi matin). Ou quand les « télétravaillables » sont perçus comme des privilégiés. Cette réserve émise – qu'il faudra prendre en compte d'une façon ou d'une autre –, force est de constater que le télétravail offre de nombreux avantages : autonomie dans la gestion de son temps de travail (un privilège rare), réduction des temps de trajet, possibilité de jongler avec ses rendez-vous médicaux, la garde de ses enfants ou la charge d'autres personnes. Plus largement :

désengorgement des voies de circulation, qu'elles soient autoroutières ou collectives.

Pourtant, les pouvoirs publics ne se sont pas emparés de ce qui est toujours considéré comme relevant de la seule décision des entreprises : l'organisation du travail et du temps qui lui est consacré. C'est ce qui explique qu'il y ait tant de pratiques différentes du télétravail (nombre de jours, métiers pouvant le pratiquer…), à tel point qu'il devient un critère lors des recrutements, car de plus en plus de salariés cherchent des postes avec du télétravail possible, afin de s'éloigner de centres urbains trop chers, d'une pression managériale trop lourde et de temps de transport trop pesants.

Avec les quelques années de recul que nous avons désormais, il serait temps – c'est même une nécessité – d'avoir une vision collective du sujet, en lien avec l'organisation de nos temps de vie et de travail, mais aussi de l'occupation des espaces. Par exemple, actuellement, le mardi et le jeudi sont les jours où la plupart des salariés se rendent sur leur site de travail, et cette concomitance des jours de déplacement ampute une partie de l'effet positif du télétravail sur les transports. Ces derniers se trouvent en effet en surcharge ces jours-là et sont sous-utilisés le vendredi, par exemple. Cela pose des problèmes de calibrage, les transports en commun étant organisés pour les périodes de crête, là où il y a le plus de monde. Quand les zones de crête dépassent les capacités, c'est toute l'organisation qu'il faut repenser. De la même manière, le télétravail a des effets sur le marché de l'immobilier, avec une baisse de la demande de bureaux dans certains quartiers et une explosion de la recherche de locaux (et de leur prix) près des gares et des nœuds de transports.

C'est peu dire, donc, que cette question mériterait d'être prise au sérieux par les décideurs politiques. Avec le lancement d'une négociation interprofessionnelle par bassins d'emploi sur la répartition des jours « présentiels » et « distanciels », afin qu'entreprises et syndicats planchent ensemble sur les flux de travailleurs. Car ces flux intègrent évidemment les personnes dont le travail ne peut s'effectuer que sur place. Dans les commerces, la restauration, l'éducation ou la santé, nombreuses sont les tâches qui ne peuvent être réalisées chez soi. Il est injuste que seuls ceux qui ont cette possibilité bénéficient d'un allégement de leur charge de transport et d'une amélioration de leurs conditions de travail. Le télétravail doit aussi avoir un impact positif sur les conditions de transport de celles et ceux qui devront toujours se déplacer pour réaliser leur mission.

Le télétravail modifie également les équilibres territoriaux – ou plutôt il peut contribuer à corriger les déséquilibres. Aller télétravailler à la campagne, par exemple, signifie consommer et payer certaines taxes localement, d'où une revitalisation de territoires aujourd'hui en déshérence économique. Certaines collectivités y voient une opportunité de profiter des fruits d'une activité économique certes partielle, mais réelle. Bien sûr, reste entière la question de la péréquation, c'est-à-dire le système de solidarité qui permet de corriger en partie les inégalités de richesses entre les territoires, afin que celles qui sont susceptibles d'accueillir des travailleurs aient des moyens supplémentaires pour financer les infrastructures et services nécessaires – comme des transports collectifs de qualité[62].

62. La question, ici, est celle de la répartition des impôts et taxes sur les entreprises, qui sont payés aux collectivités où sont situés les établissements des entreprises même si leurs salariés travaillent ailleurs.

Une politique publique du télétravail pensée en lien avec les territoires concernés permettrait donc, outre une meilleure gestion des flux de déplacement, de redynamiser des territoires, de réimplanter des services publics, de freiner l'expansion des déserts médicaux ; en somme, de disposer d'un levier certes imparfait mais réel pour promouvoir une plus grande égalité entre les territoires. Et le risque d'isolement chez les télétravailleurs permettra peut-être enfin de penser l'ensemble des problèmes d'isolement de nombreuses populations sur le territoire, notamment dans ces zones rurales qui attirent tant les télétravailleurs.

Profiter de son chez-soi, c'est aussi consommer de chez soi, derrière son écran. Ce qui pose la question de la logistique et de la livraison. C'est un aspect souvent négligé des débats sur les mobilités, quoique essentiel. D'abord, parce que la logistique garantit l'approvisionnement de nos magasins et, à ce titre, la fiabilisation des chaînes de livraison dans des territoires fragiles, comme Paris, qui ne présente que cinq à sept jours d'autonomie alimentaire[63]. Elle répond à ce titre à un impératif de souveraineté des territoires et des collectivités concernées, qui développent des stratégies pour repenser leurs flux. Il faut dire que la logistique, en particulier urbaine, connaît des transformations majeures avec l'essor de la cyclologistique, permise par les vélos-cargos et les avancées technologiques (assistance électrique), ou encore la tentative de reconquête des axes fluviaux, qui avaient été largement délaissés.

Ensuite, parce que les flux logistiques pèsent dans la balance des émissions de CO_2 liées aux transports. Sur le

63. Les réserves des particuliers : 1,5 à 5 jours ; les commerces parisiens et la restauration collective : 2 jours. Les entrepôts de logistique alimentaire (cinq sites à Paris) représentent 13 000 mètres carrés de stockage.

territoire français, on estime qu'ils correspondent à 45 % des émissions du secteur des transports, en croissance de 2 % par an. Sans surprise, c'est le transport routier, avec ses gros camions qui sillonnent l'Europe, qui émet le plus. Le train est bien plus écologique, mais il ne représente au niveau mondial qu'un petit 8 % des flux logistiques en 2019, selon l'Ademe. En France, sa part est de 13 % (en diminution depuis vingt ans), tandis que le fluvial (solution intéressante dans un pays qui possède nombre de voies navigables) ne compte que pour 7 % des flux de marchandises. En face, le routier transporte plus des trois quarts des marchandises. En toute logique, la diminution du nombre de déplacements et le report modal vers le ferré (en clair : le remplacement des camions sur la route par des trains) permettraient de diminuer nos émissions et la pollution. Malheureusement, sans surprise là encore, le Parlement européen a voté en faveur de la circulation sur nos routes de méga-camions pouvant aller jusqu'à 60 tonnes et 25 mètres de long !

Évidemment, reste le sujet du e-commerce. Avec le covid, il a connu une nouvelle explosion. Rien que pour Paris et l'Île-de-France, ce sont un million de colis (500 000 pour la seule capitale) qui sont livrés chaque jour, selon des données de la Ville de Paris. Avec en parallèle le développement massif de livraisons de très courtes distances via des plateformes numériques de type Uber Eats ou Deliveroo, principalement tournées vers la livraison de repas. Il y a d'abord les conditions sociales catastrophiques d'une partie de ce secteur – particulièrement les livreurs de repas : précarité, faibles rémunérations, obligation pour des travailleurs sans papiers d'acheter un compte en sous-main à des réseaux informels pour simplement avoir le droit de travailler, etc.

On peut se réjouir, dans ce contexte, que l'Europe ait trouvé un accord sur la directive encadrant les conditions de travail des livreurs, mais cela ne constitue encore qu'un correctif à la marge au regard des conséquences désastreuses de l'ubérisation poussée à l'extrême. Sur le plan écologique, les impacts du e-commerce *versus* le commerce physique sont nombreux : risque de dénaturation des centres-bourgs, encombrement de l'espace public, émissions de CO_2 : selon l'Ademe, la pollution générée serait équivalente à celle d'une ville de 100 000 habitants.

Face à ce constat, des solutions peuvent être mises en place assez facilement. Interdire la livraison gratuite, comme pratique commerciale déloyale, par exemple. Promue par de nombreux sites pour inciter à la vente, cette offre incite à penser que la livraison n'a ni coût ni impact, qu'elle est neutre – ce qui n'est évidemment pas le cas. Faire croire qu'elle est gratuite est tout simplement mensonger et incite à la surconsommation.

Autre solution : rendre obligatoire, dans les centres-villes, la livraison en points relais plutôt qu'à domicile, pour mutualiser (et donc réduire) les flux. Dans le même esprit, on voit des sites proposer des livraisons ultra-rapides. Mais qui a vraiment besoin de sa commande du matin pour l'après-midi ? Qui peut justifier de manière systématique ce niveau d'urgence, sauf à se complaire dans une promesse de toute-puissance qui réunit dans un même instant le désir et sa réalisation ? D'autant que cette promesse favorise des chaînes logistiques très émettrices. En résumé, nous pouvons, par des moyens très simples, modérer des pratiques de livraison dont la tendance, sous prétexte d'améliorer l'« expérience client », est d'aller toujours plus vite.

Au demeurant, ce sujet n'est plus marginal. Certaines collectivités, dont Paris, l'ont placé au rang des priorités de leurs politiques publiques. Le développement de la logistique du « dernier kilomètre », avec le boom de la cyclo-logistique (en 2020, les ventes de vélos-cargos ont explosé de 354 %, tandis que l'État s'est doté d'un plan pour le développement de la logistique à vélo), modifie la manière dont sont livrées les marchandises en centres urbains. Une illustration de ce phénomène a été la livraison à vélo de pierres pour un chantier à la cathédrale de Strasbourg. Après un tweet de l'auteur de ces lignes, celle-ci a généré railleries et caricatures (avec images renvoyant aux esclaves égyptiens au temps des pyramides), mais aussi débats sur les nouvelles technologies liées à la cyclo-logistique, qui permettent, justement, de réduire considérablement l'effort physique des livreurs[64]. Cette dynamique répond aussi à la demande de réduction des nuisances : bruit et pollution.

In fine, n'oublions pas que, dans ce domaine comme dans d'autres, ce qui nous manque, c'est une vraie pensée de la sobriété face à la demande perpétuelle, entretenue par les publicités et les injonctions marketing à la surconsommation. Quand on consomme un produit, ses émissions sont à plus de 85 % liées à sa seule fabrication. Le reste, sa commercialisation et sa livraison, ne représente qu'une part très marginale de son coût environnemental. Par conséquent, le moyen le plus simple de limiter ses émissions de CO_2, c'est tout simplement de ne pas consommer ce produit. Encore une fois, le meilleur flux, sur le plan écologique, c'est celui qu'on ne suscite pas.

64. Pour une synthèse de ces débats : Quentin Lafay, « Vélos-cargos, les nouveaux forçats du bitume ? », podcast *La Transition*, France Culture, 2020, urlz.fr/qN8o.

Et cela vaut pour tous les types de territoire. Certes, les petites et moyennes villes ainsi que les territoires ruraux ont moins d'offres de livraison ultrarapide, mais une grande partie de la consommation locale se fait tout de même par livraison, ou en parcourant des kilomètres en voiture individuelle vers une grande zone commerciale. Cela fait des années que l'on pointe le fait que la voiture, rendant possibles ces zones en préfabriqué, assèche les commerces des centres-villes. Tant et si bien qu'il est devenu obligatoire de disposer d'une voiture pour effectuer un certain nombre d'achats, tout simplement parce qu'il n'y a plus rien d'accessible à pied dans le centre. Baladez-vous un samedi après-midi dans le centre d'Auxerre, ville de 34000 habitants, préfecture de l'Yonne, vous n'y serez pas dérangé par la foule d'acheteurs, puisqu'ils sont en train de faire la queue dans leur voiture pour atteindre la zone commerciale des Clairions. Il y a pourtant du foncier disponible dans le centre, mais la ville est mal desservie par le train et la population est prisonnière de sa voiture, alors autant aller là où il y a des hectares de parking, même si cela signifie perdre en convivialité et en déambulation agréable le long du fleuve.

Consommer moins, consommer sur place, consommer local quand c'est possible : telles sont les trois clés pour limiter notre dépendance à la voiture. Sans compter que ces sorties shopping du week-end sont alimentées par la valse frénétique des camions polluants qui usent le bitume. Relancer le train de voyageurs serait d'autant plus efficace si les pouvoirs publics décidaient enfin de développer réellement le fret ferroviaire, qui allégerait le poids carbone de nos consommations – mais c'est un autre sujet.

CONCLUSION

Résumons. La voiture partout et tout le temps est une forme d'idéologie. Une idéologie qui entretient le récit de la sécurité et de la liberté pour toutes et tous, dans un monde apparemment égalitaire. Une idéologie qui charrie avec elle une mythologie, des valeurs, des images et des représentations liées à la puissance de l'individu, solitaire mais rapide, fort, protégé des dangers du monde. Une idéologie source de prospérité pour celles et surtout ceux qui possèdent une automobile, de plus en plus grosse, de plus en plus lourde, de plus en plus chère, et pour ceux qui la fabriquent et l'entretiennent, avec des centaines de milliers d'emplois à la clé. C'est sur cette utopie que repose le système du tout-voiture individuelle, qui a fait passer l'auto pour la solution miracle et absolue de mobilité.

Cette épopée du «monde-voiture» se révèle pourtant mortifère. Car cette idéologie repose sur un mensonge: celui de penser que la voiture est une solution alors qu'elle fait partie du problème. Si ses conséquences environnementales, sanitaires et sociales sont connues et documentées (destruction de la biodiversité, bétonisation des terres agricoles, pollution de l'air, nuisances sonores, appauvrissement des moins aisés, assignés à une voiture qui leur coûte cher), elles sont aussi largement mises sous le tapis dans le débat public. Des intérêts financiers des grands groupes à la culture automobile de celles et ceux qui ont accès aux médias, les causes sont multiples. Avec au bout du compte, un seul horizon : que surtout rien ne change.

Pire, plus on voit le problème, plus on se raconte l'histoire d'une identité nationale et culturelle consubstantielle à l'automobile. Hier symbole de la croissance économique, de l'émergence de la classe moyenne et d'un certain *way of life*, elle est aujourd'hui de plus en plus présentée comme liée à notre être le plus intime. Comme si critiquer la voiture et son modèle, c'était s'attaquer à toute la société. À ce titre, la voiture individuelle est à l'image des clivages relatifs à l'écologie dans son ensemble : la crise environnementale appelle des transformations majeures qui interrogent notre modèle collectif et nos comportements individuels – mais qui nous blessent aussi, d'une certaine manière, tant il est difficile de construire un imaginaire positif d'une société plus sobre et plus écologique. Ce hiatus est l'un des arguments brandis par les populistes pour opposer et fracturer la société.

Il faut dire que les politiques de mobilité de ces dernières décennies prêtent le flanc à la critique. Car si les métropoles se sont engagées avec un certain succès dans des transformations majeures qui réduisent la part et la place de l'automobile (avec des investissements massifs dans les alternatives : transports publics ou infrastructures cyclables, par exemple), elles ont révélé, en creux, à quel point les autres territoires restent assignés à l'usage de la voiture individuelle. Là aussi, observer ce qui se passe pour l'automobile, c'est observer ce qui se passe en général. Cela ne fait que souligner les inégalités territoriales et sociales qui n'ont cessé de se creuser ces trente dernières années.

Mais bonne nouvelle: cette situation n'est pas insurmontable. Lorsqu'on y met les moyens et de la volonté, on peut changer nos façons de nous déplacer. Ce qui se passe dans les grandes villes, Paris en tête, avec l'explosion de l'usage du vélo, est un signal enthousiasmant de notre capacité collective à nous adapter à la nouvelle donne climatique. Et les changements se font pour le mieux: moins de bruit, moins de mortalité, moins de pollution. C'est une nouvelle façon de vivre la ville et de profiter de la vie, tout en offrant une perspective: des villes sans voiture, c'est possible, et les solutions adaptées à toutes les formes de territoire sont nombreuses, du transport à la demande à la remise en service de lignes et gares partout en France.

Ce que nous affirmons ici, c'est qu'une vie sans voiture individuelle, c'est possible partout et pour tout le monde. Pour cela, nous avons tout en main. Nous savons, dans les grandes lignes, ce qu'il faut faire: investir dans le train et les solutions alternatives à l'automobile telles que le vélo, ainsi que dans l'interconnexion des modes de transport; rendre l'usage de la voiture collectif et partagé; revoir l'organisation de notre territoire, penser une vraie stratégie de démobilité et, partant, de logistique et de livraison, lesquelles ne peuvent être laissées aux mains d'intérêts privés et de mastodontes internationaux. Notre capacité à maîtriser et à gérer nos solutions de mobilité collectivement est l'une des clés de notre souveraineté et une garantie de la préservation de notre droit fondamental à nous déplacer.

La fin de la voiture individuelle, donc, c'est pour tout le monde et ce n'est pas une punition, bien au contraire. Se libérer de l'automobile, c'est s'offrir la possibilité de nouveaux choix. C'est s'orienter vers une vie dans laquelle on se croise, on se rencontre, on retrouve le goût du collectif, du temps partagé et du temps pour soi. C'est une vie dans laquelle on ne travaille plus pour payer des déplacements contraints, mais pour faire «autre chose», que l'on aura choisi. Non seulement cet horizon d'une vie sans voiture à soi n'est pas une utopie (nous en avons les moyens), mais c'est aussi et surtout celui d'un avenir désirable et joyeux.

REMERCIEMENTS

Ce texte n'aurait pas pu voir le jour sans le soutien et la relecture attentive de Sébastien Clément et de Stéphane Bonnefoi. Un remerciement tout particulier à Antonin Grillet pour sa relecture critique, ses compléments toujours à propos, et dont on attend avec impatience les futurs livres. Et bien entendu, merci à celles et ceux qui nous font confiance pour l'aventure que constitue l'écriture d'un livre.

Achevé d'imprimer en août 2024 par Laballery (France)
Numéro d'impression : 407329
Dépôt légal : août 2024